数学(第一册)
学习指导用书

目 录

第一章 集 合

1.1 集合及其表示 ………………………………………… 1

　1.1.1 集合的含义 ………………………………………… 2

　1.1.2 集合的表示 ………………………………………… 4

1.2 集合间的基本关系 ………………………………… 5

1.3 集合的基本运算 …………………………………… 7

第一章 综合测试题 ……………………………………… 10

第二章 不等式

2.1 不等式的概念与性质 ……………………………… 13

2.2 不等式的解法 ……………………………………… 14

　2.2.1 一元二次不等式 …………………………………… 14

　2.2.2 简单分式不等式 …………………………………… 16

　2.2.3 含绝对值的不等式 ………………………………… 17

2.3 基本不等式 ………………………………………… 19

第二章 综合测试题 ……………………………………… 22

第三章 函 数

3.1 对应与映射 ………………………………………… 24

3.2 函数及其表示 ……………………………………… 26

    3.2.1 函数的概念 ……………………………………… 28

    3.2.2 函数的表示方法 …………………………………… 30

3.3 函数的基本性质 …………………………………… 33

    3.3.1 函数的单调性 …………………………………… 34

    3.3.2 函数的最大(小)值 ……………………………… 36

    3.3.3 函数的奇偶性 …………………………………… 37

3.4 反函数 …………………………………………… 39

3.5 函数的应用 ……………………………………… 42

第三章 综合测试题 ………………………………… 45

第四章 基本初等函数

4.1 指数函数 ………………………………………… 48

    4.1.1 指数与指数幂的运算 …………………………… 48

    4.1.2 指数函数 ………………………………………… 51

4.2 对数函数 ………………………………………… 54

    4.2.1 对数与对数运算 ………………………………… 54

    4.2.2 对数函数 ………………………………………… 57

4.3 幂函数 …………………………………………… 59

第四章 综合测试题 ………………………………… 62

期终达标训练题

第一章 集合 ………………………………………… 64

第二章 不等式 ……………………………………… 66

第三章 函 数 ……………………………………… 68

第四章 基本初等函数 ……………………………… 69

第一章　集　合

1.1　集合及其表示

知识要点表解 ▶

"集合是数学的定义的原始概念之一",通常被描述为"把一些确定的对象看作一个整体便形成一个集合".本节主要学习集合的表示,理解集合的特征及集合的分类.现列表如下:

集合的表示法	元素的特征	集合的分类	常用数集符号
1. 列举法 2. 描述法 3. 图示法	1. 确定性 2. 互异性 3. 无序性	1. 有限集 2. 无限集	自然数集:$\mathbf{N}$ 正整数集:$\mathbf{N}^*$、$\mathbf{N}_+$ 整数集:$\mathbf{Z}$ 有理数集:$\mathbf{Q}$ 实数集:$\mathbf{R}$

在理解集合有关概念的基础上,要会用列举法和描述法正确表示集合,并熟记常见数集的表示方法和符号$\in$、$\notin$的正确用法.

方法主线导析 ▶

- **学法建议**

本节的重点是集合元素特性的理解,掌握集合常用的两种表示方法.要重视把已学的知识综合用于集合,使之将集合的概念渗透到以往所学的数学知识之中,特别是数集、方程、不等式的解集等.

- **释疑解难**

1. 元素与集合有哪些关系?

元素与集合的关系为:属于或者不属于.元素 a 在集合 A 中,则为 $a\in A$,元素 a 不在集合 A 中,则为 $a\notin A$.元素与集合除了属于与不属于外,不存在其他的关系.

2. 集合中的元素有哪些特性? 怎么理解?

集合中元素的特性有确定性、互异性、无序性.

确定性是指集合中的元素是确定的,任何一个元素要么在这个集合中,要么不在这个集合中,不存在其他的情况. 如 1~10 内的偶数组成的集合 A,2 是 A 中的元素,3 不是 A 中的元素.

互异性是指集合中的元素是互异的,即集合中的元素不能重复. 如 $x^2-2x+1=0$ 的解集只有一个元素 1.

无序性是指给定的集合中的元素是没有顺序的,即集合只与其中的元素有关,与元素的顺序无关. 如 1~10 内的偶数组成的集合 A,元素有 2、4、6、8、10 五个,集合中哪个元素写在前面,哪个元素写在后面,没有区别.

3. 认识一个集合,应从哪些方面入手?

认识一个集合,应该从两方面入手:元素是什么,元素有何特性.

如:$A=\{m\,|\,m=t^2+1,m\in \mathbf{R}\}$ 与 $B=\{x\,|\,x=y^2+1,x\in \mathbf{R}\}$ 表示同一个数集. 表示集合时,与采用字母名称无关. 而 $P=\{(x,y)\,|\,x=y^2+1\}$ 表示一个点集,与集合 B 是不同的.

4. 空集存在吗?

不含有任何元素的集合称为空集($\varnothing$),空集是存在的. 比如:$x^2-2=0$ 在有理数范围内无解,因此该方程在有理数范围内的解集为 $\varnothing$.

5. 整数集表示为{全体整数}是否正确? 实数集表示为{**R**}是否正确?

不对,集合本身是指"对象的全体",整数集的正确表示为{整数},实数集的正确表示为{实数}或 **R**;{全体整数}表示以全体整数集为元素的一个集合,{**R**}表示以实数集为元素的一个集合.

能力层面训练

1.1.1 集合的含义

一、基础训练

1. 下列各组对象

① 接近于 0 的数的全体;② 比较小的正整数全体;③ 正三角形的全体;④ 平面上到点 O 的距离等于 1 的点的全体;⑤ $\sqrt{2}$ 的近似值的全体.

其中能构成集合的个数有(　　).

    A. 2 个   B. 3 个   C. 4 个   D. 5 个

2. 下列表示整数集的符号是(　　).

    A. **N**   B. **Z**   C. **Q**   D. **R**

3. 下面四个命题中,其中正确命题的个数为(　　).

① 集合 **N** 中最小数为 1;   ② $-a$ 不属于 **N**,则 $a\in \mathbf{N}$;

③ 若 $a\in \mathbf{N},b\in \mathbf{N}$,则 $a+b$ 的最小值为 2;   ④ 所有小的正数组成一个集合.

    A. 0 个   B. 1 个   C. 2 个   D. 3 个

4. 由 $a^2,2-a,4$ 组成一个集合 A，A 中含有 3 个元素，则实数 a 的取值可以是（　　）.

    A. 1　　　　　　B. -2　　　　　　C. 6　　　　　　D. 2

5. 已知集合 S 中的三个元素 a、b、c 是 $\triangle ABC$ 的三边长，那么 $\triangle ABC$ 一定不是（　　）.

    A. 锐角三角形　　B. 直角三角形　　C. 钝角三角形　　D. 等腰三角形

6. 判断：

(1) 若 $a\in\mathbf{N},b\in\mathbf{N_+}$，则 ab 的最小值为 1.　　　　　　　　　　　（　　）

(2) 列举法表示集合时，不必考虑元素间顺序.　　　　　　　　　　　　　（　　）

7. "大于 0 小于 1 的有理数"构成集合 M，"小于 10^{50} 的正整数"构成集合 N，"定圆 C 的内接三角形"构成集合 P，"所有能被 7 整除的数"构成集合 Q，其中无限集是（　　）.

    A. M、N、P　　B. M、P、Q　　C. N、P、Q　　D. M、N、Q

8. 用符号"$\in$"或"$\notin$"填空.

    ① 0 ＿＿＿＿ $\mathbf{N}$;　　　　② -2 ＿＿＿＿ $\mathbf{Z}$;　　　　③ 3 ＿＿＿＿ $\mathbf{Q}$;

    ④ -2 ＿＿＿＿ $\mathbf{R}$;　　　⑤ $\sqrt{3}$ ＿＿＿＿ $\mathbf{Z}$;　　　⑥ π ＿＿＿＿ $\mathbf{Q}$;

    ⑦ $(-1)^0$ ＿＿＿＿ $\mathbf{N^*}$;　　⑧ $\sqrt{3}+2$ ＿＿＿＿ $\mathbf{Q}$;　　⑨ $\dfrac{4}{3}$ ＿＿＿＿ $\mathbf{Q}$.

9. 设集合 A 中有且仅有三个元素 $1,x,x^2-x$，求 x 所满足的条件.

10. 设集合 A 中含有 $a+2,(a+1)^2,a^2+3a+3$ 这三个元素，若 $1\in A$，求实数 a 的值.

二、综合运用

11. 由实数 $x,-x,|x|,\sqrt{x^2},-\sqrt[3]{x^3}$ 所组成的集合，最多含有元素的个数为（　　）.

    A. 2　　　　　　B. 3　　　　　　C. 4　　　　　　D. 5

12. 对于任何 $x\in\mathbf{R},y\in\mathbf{R}$ 且 $xy\neq0$，则 $\dfrac{x}{|x|}+\dfrac{y}{|y|}+\dfrac{xy}{|xy|}$ 组成的集合所含的元素的个数是（　　）.

    A. 1　　　　　　B. 2　　　　　　C. 3　　　　　　D. 4

13. 数集 M 满足条件：若 $a\in M$，则 $\dfrac{1+a}{1-a}\in M(a\neq\pm1$ 且 $a\neq0)$. 已知 $3\in M$，试把由此确定的集合 M 的元素全部求出来.

1.1.2 集合的表示

一、基础训练

1. 下面四个命题正确的是(　　).

　　A. 10 以内的质数集合是 $\{0,3,5,7\}$

　　B. "个子较高的人"不能构成集合

　　C. 方程 $x^2-2x+1=0$ 的解集是 $\{1,1\}$

　　D. 偶数集为 $\{x\mid x=2k,x\in\mathbf{N}\}$

2. 下列命题中正确的是(　　).

① 0 与 $\{0\}$ 表示同一个集合;

② 由 1,2,3 组成的集合可表示为 $\{1,2,3\}$ 或 $\{3,2,1\}$;

③ 方程 $(x-1)^2(x-2)=0$ 的所有解的集合可表示为 $\{1,1,2\}$;

④ 集合 $\{x\mid 4<x<5\}$ 可以用列举法表示.

　　A. 只有①和④　　　B. 只有②和③　　　C. 只有②　　　　　D. 以上语句都不对

3. 集合 $\{x\in\mathbf{N}^*\mid x<5\}$ 的另一种表示法是(　　).

　　A. $\{0,1,2,3,4\}$　　　　　　　　　B. $\{1,2,3,4\}$

　　C. $\{0,1,2,3,4,5\}$　　　　　　　D. $\{1,2,3,4,5\}$

4. 集合 $A=\{1,3,5,7,\cdots\}$,用描述法可表示为(　　).

　　A. $\{x\mid x=n,n\in\mathbf{N}^*\}$　　　　　　B. $\{x\mid x=2n-1,n\in\mathbf{N}^*\}$

　　C. $\{x\mid x=2n+1,n\in\mathbf{N}^*\}$　　　　D. $\{x\mid x=n+2,n\in\mathbf{N}^*\}$

5. 点集 $M=\{(x,y)\mid xy\leqslant 0\}$ 是指(　　).

　　A. 第二象限内的点集　　　　　　　　B. 第四象限内的点集

　　C. 第二、第四象限内的点集　　　　　D. 不在第一、第三象限内的点集

6. 用列举法写出下列集合:

① $\{x\mid x$ 是 8 的正约数$\}=$＿＿＿＿＿＿＿＿;

② $\{x\mid x\in\mathbf{N},x\leqslant 4\}=$＿＿＿＿＿＿＿＿.

7. 用描述法表示不等式 $2x-6<0$ 的解集:＿＿＿＿＿＿＿＿.

8. 用描述法写出下列集合:

① $\{1,3\}=$＿＿＿＿＿＿＿＿;

② $\{2,3\}=$＿＿＿＿＿＿＿＿.

二、综合运用

9. 判断:集合 $A=\{(2,3),(1,4)\}$,则集合 A 的元素个数为 2.　　　　　　　(　　)

10. 方程组 $\begin{cases}x+y=1\\x-y=3\end{cases}$ 的解集是(　　).

　　A. $\{x=2,y=-1\}$　　　　　　　　B. $\{2,-1\}$

　　C. $\{(2,-1)\}$　　　　　　　　　　D. $(-1,2)$

11. (1) 已知集合 $M=\left\{x\in\mathbf{N}\,\middle|\,\dfrac{6}{1+x}\in\mathbf{Z}\right\}$,求 M;

(2) 已知集合 $C=\left\{\dfrac{6}{1+x}\in \mathbf{N}\,\middle|\,x\in \mathbf{Z}\right\}$, 求 C.

1.2 集合间的基本关系

知识要点表解 ▶

本节主要学习了子集、真子集、相等的定义、数学符号表示以及相关性质.

集合	定义	符号表示	韦恩图	性质
子集	若对于任一 $x\in A$, 总有 $x\in B$, 则 A 叫作 B 的子集.	$A\subseteq B$ (或 $B\supseteq A$)		$A\subseteq A, \varnothing\subseteq A$ $A\subseteq B, B\subseteq C \Rightarrow A\subseteq C$ $A\subseteq B, B\subseteq A \Leftrightarrow A=B$
真子集	若 $A\subseteq B$ 且 $A\neq B$, 则 A 叫作 B 的真子集.	$A\subset B$ (或 $B\supset A$)		$\varnothing\subset A$(非空) $A\subset B, B\subset C \Rightarrow A\subset C$

在理解子集、真子集有关概念的基础上, 正确使用符号, 并能熟练地运用有关概念及性质进行解题.

方法主线导析 ▶

● 学法建议

本节的重点是子集、真子集概念和符号的理解, 认识理解概念是解题的钥匙, 用韦恩图解题是数形结合的基本思想方法之一.

● 疑难解释

1. 如何理解集合之间的关系? 子集与真子集有什么区别?

集合与集合之间的关系如同实数与实数之间的关系, 可以进行比较. 集合 A 中的元

素都在集合 B 中,即"$A \subseteq B$",类似于实数中"$a \leqslant b$";集合 A 中的元素都在集合 B 中,集合 B 中存在元素不在集合 A 中,即"$A \subset B$",类似于"$a < b$".

2. 集合 A 是 B 的子集,其最本质的内容是什么?

"集合 A 的任何一个元素都是集合 B 的元素". 其含义有两点:(1) 不管集合 A 是否含有元素,也不管集合 A 含有有限个还是无限个元素;(2) 只要是 A 的元素,一定是 B 的元素. 抓住这两点,就不难判断出空集是任何集合的子集,空集的子集是空集.

3. 集合 A 是 B 的真子集的概念要注意些什么?

若集合 A 是集合 B 的真子集,则集合 A 一定是集合 B 的子集,反之不成立. 另外,B 中至少有一个元素不属于 A,即属于 B 但不属于 A 的元素可以是有限个,也可以是无限个,从而判断出空集是任何非空集合的真子集,空集没有真子集.

4. "$\in$"与"$\subseteq$"的区别是什么?

"$\in$"用于元素与集合之间的关系,"$\subseteq$"和"$\subset$"用于集合与集合之间的关系. 例如:$2 \in \{1,2\}$,$\{2\} \subseteq \{1,2\}$.

能力层面训练

一、基础训练

1. 设 $M = \{a\}$,则下列正确的是( ).

    A. $a = M$ B. $a \in M$ C. $a \subseteq M$ D. $a \notin M$

2. 已知 $A = \{x \mid x < 2\}$,则下列正确的是( ).

    A. $0 \subseteq A$ B. $\{0\} \in A$ C. $\varnothing \in A$ D. $\{0\} \subseteq A$

3. 设集合 $A = \{x \mid 2x - 3 > x\}$,$B = \{x \mid x \geqslant 2\}$,则 A 和 B 的关系是( ).

    A. $A \supset B$ B. $B \subseteq A$ C. $A = B$ D. $A \subset B$

4. 下列命题:① 空集没有子集;② 任何集合至少有两个子集;③ 空集是任何集合的真子集;④ 若 $\varnothing \subset A$,则 $A \neq \varnothing$,其中正确的有( ).

    A. 0 个   B. 1 个   C. 2 个   D. 3 个

5. 若集合 $P = \{$正方形$\}$,$Q = \{$菱形$\}$,$C = \{$矩形$\}$,$D = \{$平行四边形$\}$,$W = \{$四边形$\}$,则下列关系中错误的是( ).

    A. $P \subset Q \subset C$ B. $P \subset Q \subset D$ C. $P \subset C \subset D$ D. $P \subset C \subset W$

6. 下列关系式:① $\{a,b\} \subseteq \{a,b\}$;② $\{a,b\} = \{b,a\}$;③ $0 \in \{0\}$;④ $\varnothing \subset \{0\}$;⑤ $\varnothing \in \{0\}$;⑥ $\varnothing = \{0\}$. 其中正确的个数为( ).

    A. 6 个   B. 5 个   C. 4 个   D. 小于 4 个

7. 设 $a, b \in \mathbf{R}$,集合 $\{1, a+b, a\} = \left\{0, \dfrac{b}{a}, b\right\}$,则 $b - a = ($).

    A. 1   B. -1 C. 2   D. -2

8. 填空:

    ① 0 _____ $\{0\}$; ② 0 _____ $\varnothing$; ③ $\varnothing$ _____ $\{0\}$; ④ $\mathbf{Z}$ _____ $\mathbf{R}$;

    ⑤ $\mathbf{N}$ _____ $\mathbf{Z}$; ⑥ $\mathbf{Z}$ _____ $\mathbf{Q}$.

9. 设集合 $M=\{1,2,3,4\}$,试写出 M 的所有子集,并指出其中的真子集.

10. 已知集合 $A=\{1,x,y\}$,$B=\{x,x^2,xy\}$,如果 $A=B$,求实数 x,y 的值.

二、综合运用

11. 设集合 $A=\{x|x=2n+1,n\in\mathbf{Z}\}$,$B=\{x|x=2n-1,n\in\mathbf{Z}\}$,则集合 A 与 B 的关系为( ).

 A. $A\subset B$ B. $B\subset A$ C. $A=B$ D. 无法确定

12. 同时满足(1) $M\subseteq\{1,2,3,4,5\}$;(2) 若 $a\in M$,则 $6-a\in M$ 的非空集合 M 有多少个? 写出这些集合.

13. 设 $A=\{x|x^2-8x+15=0\}$,$B=\{x|ax-1=0\}$,若 $B\subseteq A$,求实数 a 组成的集合,并写出它的所有非空真子集.

14. 集合 $A=\{x|-2\leqslant x\leqslant 5\}$,$B=\{x|m+1\leqslant x\leqslant 2m-1\}$.
(1) 若 $B\neq\varnothing$ 且 $B\subseteq A$,求 m 的取值范围;(2) 若 $B\subseteq A$,求 m 的取值范围.

1.3 集合的基本运算

知识要点表解 ▶

并集、交集、补集是集合中的基本运算.本节主要学习并集、交集、补集的定义、图形表示及一些基本性质.

集合	交集	并集	补集
定义	$A\cap B=\{x\mid x\in A,$ 且 $x\in B\}$	$A\cup B=\{x\mid x\in A,$ 或 $x\in B\}$	$\complement_U A=\{x\mid x\in U,$ 且 $x\notin A\}$
Venn 图			
性质	$A\cap A=A,A\cap\varnothing=\varnothing,$ $A\cap B=B\cap A,$ $A\cap B\subseteq A,A\cap B\subseteq B$	$A\cup A=A,A\cup\varnothing=A,$ $A\cup B=B\cup A,$ $A\subseteq A\cup B,B\subseteq A\cup B$	$A\cap\complement_U A=\varnothing,$ $A\cup\complement_U A=U,$ $\complement_U U=\varnothing,\complement_U\varnothing=U$

方法主线导析

学法建议

本节的重点是并集、交集、补集概念和符号的理解,即利用韦恩图或数轴进行集合的运算.从题设出发,对准问题的目标,直接逐步运算求解,是求解集合问题的基本方法.

释疑解难

1. 为什么子集(包括真子集)和交、并、补集是两类性质不同的概念?

子集(包括真子集)是描述两个集合的关系,只此而已,没有结果;但交、并、补集,则是表示两个集合的运算关系,有结果.

2. 交集和并集有什么区别?

A 与 B 的交集是由 A 与 B 集合中的公共元素组成的集合,A 与 B 的并集是由 A 与 B 集合中所有的元素(公共的元素只算一次)组成的集合.例如:$A=\{x\mid x>-1\}$,$B=\{x\mid x<1\}$,$A\cap B=\{x\mid-1<x<1\}$,$A\cup B=\mathbf{R}$.

3. 补集与全集有什么关系?

补集是相对于全集而言的,全集不同,则某个集合的补集可能不同.例如:$S_1=\{1,2,3\}$,$S_2=\{1,2,3,4,5,6\}$,$A=\{1,2\}$,则 $\complement_{S_1}A=\{3\}$,$\complement_{S_2}A=\{3,4,5,6\}$.

4. 在计算一个集合的补集时,要注意什么?

首先要搞清楚全集是什么,其次具体计算时可利用韦恩图或数轴帮助求解.

能力层面训练

一、基础训练

1. 已知集合 $A=\{1,3,5,7,9\}$,$B=\{0,3,6,9,12\}$,则 $A\cap B=$( ).

A. $\{3,5\}$ B. $\{3,6\}$ C. $\{3,7\}$ D. $\{3,9\}$

2. 设集合 $A=\{x\mid-5\leqslant x<1\}$,$B=\{x\mid x\leqslant 2\}$,则 $A\cap B$ 等于( ).

    A. $\{x|-5\leqslant x<1\}$ B. $\{x|-5\leqslant x<2\}$

    C. $\{x|x<1\}$ D. $\{x|x\leqslant 2\}$

3. 已知集合 $A=\{x|x>0\}$，$B=\{x|-1\leqslant x\leqslant 2\}$，则 $A\cup B=($).

    A. $\{x|x\geqslant -1\}$ B. $\{x|x\leqslant 2\}$ C. $\{x|0<x\leqslant 2\}$ D. $\{x|-1\leqslant x\leqslant 2\}$

4. 已知集合 $S=\{x|x\leqslant 1\}$，$T=\{x|x\leqslant 4\}$，则 $S\cup T=($).

    A. $\{x|x\leqslant 1\}$ B. $\{x|x\leqslant 4\}$ C. $\{x|1\leqslant x\leqslant 4\}$ D. $\{x|x\leqslant 1$ 或 $x\geqslant 4\}$

5. 已知集合 $M=\{x|-3<x\leqslant 5\}$，$N=\{x|x<-5$ 或 $x>5\}$，则 $M\cup N=($).

    A. $\{x|x<-5$ 或 $x>-3\}$ B. $\{x|-5<x<5\}$

    C. $\{x|-3<x<5\}$ D. $\{x|x<-3$ 或 $x>5\}$

6. 设全集 $U=\{1,2,3,4,5\}$，$A=\{1,3,5\}$，$B=\{2,4,5\}$，则 $(\complement_U A)\cap(\complement_U B)$ 等于(   ).

    A. $\varnothing$ B. $\{4\}$ C. $\{1,5\}$ D. $\{2,5\}$

7. 若全集为 $U=\mathbf{R}$，$A=\{x|x<1\}$，$B=\{x|x>0\}$，那么 $\complement_U(A\cup B)$ 等于(   ).

    A. $\{0\}$ B. $\{x|0<x<1\}$

    C. $\{x|x<0$ 或者 $x>1\}$ D. $\varnothing$

8. 全集 $U=\{1,2,3\}$，$M=\{x|x^2-3x+2=0\}$，则 $\complement_U M$ 等于(   ).

    A. $\{1\}$ B. $\{1,2\}$ C. $\{3\}$ D. $\{2\}$

9. 设 $A=\{(x,y)|y=-4x+6\}$，$B=\{(x,y)|y=3x-8\}$，则 $A\cap B($).

    A. $\{2,-1\}$ B. $\{(2,-2)\}$ C. $\{(3,-1)\}$ D. $\{(4,-2)\}$

10. 集合 $A=\{0,2,a\}$，$B=\{1,a^2\}$. 若 $A\cup B=\{0,1,2,4,16\}$，求 a 的值.

11. 已知全集 $U=\mathbf{R}$，$A=\{x|-4\leqslant x\leqslant 2\}$，$B=\{x|-1<x\leqslant 3\}$，$P=\left\{x\left|x\leqslant 0\right.\right.$ 或 $\left.x\geqslant \dfrac{5}{2}\right\}$，求 $A\cap B$，$(\complement_U B)\cup P$，$(A\cap B)\cap(\complement_U P)$.

二、综合运用

12. 50 名学生参加甲、乙两项体育活动，每人至少参加了一项，参加甲项的学生有 30 名，参加乙项的学生有 25 名，则仅参加了一项活动的学生人数为(   ).

    A. 20   B. 25   C. 35   D. 45

13. 已知集合 $P=\{x|x=m^2+3m+1\}$，$T=\{x|x=n^2-3n+1\}$，有下列判断：

①$P\cap T=\left\{y\left|y\geqslant -\dfrac{5}{4}\right.\right\}$；②$P\cup T=\left\{y\left|y\geqslant -\dfrac{5}{4}\right.\right\}$；③$P\cap T=\varnothing$；④$P=T$，其中正

确的有(　　).

    A. 1个　　　　　　B. 2个　　　　　　C. 3个　　　　　　D. 4个

14. 设集合 $A=\{x\,|-1\leqslant x<2\}$，$B=\{x\,|\,x\leqslant a\}$，若 $A\cap B\neq\varnothing$，则实数 a 的集合为_____.

15. 已知集合 $A=\{a^2,a+1,-3\}$，$B=\{a-3,a^2+1,2a-1\}$，且 $A\cap B=\{-3\}$，则 $A\cup B=$_____.

16. 已知 $A=\{x\,|\,x^2-3x+2=0\}$，$B=\{x\,|\,ax-2=0\}$，且 $A\cup B=A$，求实数 a 的值组成的集合 C.

17. 已知全集 $S=\{1,2,3,4,5,6\}$，$M=\{x\in S\,|\,x^2+ax+b=0\}$，是否存在实数 a、b 使得 $\complement_S M=\{1,4,5,6\}$.

第一章　综合测试题

一、选择题(每题 4 分,共 36 分)

1. 若集合 $A=\{(0,2),(0,4)\}$，则集合 A 中元素的个数是(　　).

    A. 1个　　　　　　B. 3个　　　　　　C. 2个　　　　　　D. 4个

2. 下列关系中正确的是(　　).

(1) $\{0\}=\varnothing$；(2) $0\in\varnothing$；(3) $\varnothing\subseteq\{a\}$；(4) $\{a\}\in\{a,b\}$；(5) $\{a\}\subseteq\{a\}$

    A. (1)(2)(3)　　B. (3)(5)　　　　C. (3)(4)(5)　　D. (1)(2)(5)

3. 适合条件 $\{1,2\}\subset M\subseteq\{1,2,3,4\}$ 的集合 M 的个数为(　　).

    A. 2　　　　　　　B. 3　　　　　　　C. 4　　　　　　　D. 5

4. 满足 $\{1,2\}\cup M=\{1,2,3\}$ 的所有集合 M 有(　　).

    A. 1个　　　　　　B. 2个　　　　　　C. 3个　　　　　　D. 4个

5. 集合 $A=\{1,2,3,4\}$，它的非空真子集的个数是(　　).

    A. 15个　　　　　B. 14个　　　　　C. 3个　　　　　　D. 4个

6. 数集 $S=\{x\,|\,x=2m+1,m\in\mathbf{Z}\}$，$T=\{y\,|\,y=4n\pm1,n\in\mathbf{Z}\}$，则以下正确的是(　　).

    A. $S=T$　　　　B. $S\subset T$　　　C. $S\supset T$　　　D. $S\cap T=\varnothing$

7. 全集 $U=\{a,b,c,d,e\}$，$(\complement_U A)\cup(\complement_U B)=\{c,d,e\}$，$A\cap(\complement_U B)=\{c\}$，$(\complement_U A)\cap B=\{e\}$ 则 $A\cup B=$(　　).

A. $\{a,b,c,d\}$ B. $\{a,b,c,e\}$ C. $\{a,b,c\}$ D. $\{a,b,e\}$

8. 已知 U 为全集,集合 $M,N\subseteq U$,如果 $M\cap N=\varnothing$,那么下列关系成立的是( ).

A. $M=\varnothing$ 或 $N=\varnothing$ B. $M\cup N=U$

C. $M\cap \complement_U N=\varnothing$ D. $N\subseteq \complement_U M$

9. 如图,阴影部分所表示的集合为( ).

A. $A\cap(B\cap C)$ B. $\complement_S A\cap(B\cap C)$

C. $\complement_S A\cup(B\cap C)$ D. $\complement_S A\cup(B\cup C)$

二、填空题(每题 5 分,共 30 分)

10. 设集合 $A=\{y\mid y=x^2-2x-3\}$,$B=\{y\mid y=-x^2+6x+7\}$,则 $A\cap B=$ _____ ;若集合 $A=\{(x,y)\mid y=x^2-2x-3\}$,$B=\{(x,y)\mid y=-x^2+6x+7\}$,则 $A\cap B=$ _____ ;若集合 $A=\{x\mid x^2-2x-3=0\}$,$B=\{x\mid -x^2+6x+7=0\}$,则 $A\cap B=$ _____ .

11. 集合 $A=\{x\mid 1<x<3\}$,集合 $B=\{x\mid -1\leqslant x\leqslant 2\}$,则 $A\cup B=$ _____ .

12. 设全集 $U=\mathbf{R}$,集合 $A=\{x\mid x<2\}$,集合 $B=\{x\mid x>a\}$,如果 $A\cap B\neq\varnothing$,那么实数 a 的取值范围是 _____ .

13. 已知集合 $A=\{1,3,a\}$,$B=\{a^2\}$,且 $B\subseteq A$,那么实数 a 可能的值是 _____ .

14. 设全集 $U=\{x\mid x>1,x\in\mathbf{Z}\}$,集合 $A=\{x\mid x\geqslant 4,x\in\mathbf{Z}\}$,则 $\complement_U A=$ _____ .

15. 全集 $U=\{a,b,c,d,e,f\}$,$A=\{a,b,c,d\}$,$A\cap B=\{a\}$,$\complement_U(A\cup B)=\{f\}$,那么集合 $B=$ _____ .

三、解答题(16、17 题每题 8 分,18、19 题每题 9 分,共 34 分)

16. 集合 $A=\{x\mid y=\sqrt{9-x^2}\}$,$B=\{y\mid y=x^2-2x+3\}$,求 $A\cap B$.

17. 已知集合 $A=\{1,1+d,1+2d\}$,$B=\{1,r,r^2\}$,当 d,r 为何值时,$A=B$? 并求出此时的 A.

18. 已知集合 $A=\{x\mid x^2-3x+2=0,x\in\mathbf{R}\}$,集合 $B=\{x\mid 2x^2-ax+2=0,x\in\mathbf{R}\}$,若 $A\cup B=A$,求实数 a 的范围.

19. 已知集合 $A=\{x|x^2-2ax+a=0,x\in\mathbf{R}\}$，$B=\{x|x^2-4x+a+5=0,x\in\mathbf{R}\}$，

(1) 若集合 $A=B=\varnothing$，求实数 a 的取值范围；

(2) 若集合 A 和 B 至少有一个是 $\varnothing$，求实数 a 的取值范围；

(3) 若集合 A 和 B 有且仅有一个是 $\varnothing$，求实数 a 的取值范围.

第二章　不等式

2.1　不等式的概念与性质

知识要点 ▶

本节主要学习不等式的一些性质：

① （对称性）$a>b \Leftrightarrow b>a$；② （传递性）$a>b,b>c \Rightarrow a>c$；

③ （可加性）$a>b \Leftrightarrow a+c>b+c$；

（同向可加性）$a>b,c>d \Rightarrow a+c>b+d$；

（异向可减性）$a>b,c<d \Rightarrow a-c>b-d$；

④ （可积性）$a>b,c>0 \Rightarrow ac>bc,a>b,c<0 \Rightarrow ac<bc$；

⑤ （同向正数可乘性）$a>b>0,c>d>0 \Rightarrow ac>bd$；

（异向正数可除性）$a>b>0,0<c<d \Rightarrow \dfrac{a}{c}>\dfrac{b}{d}$；

⑥ （平方法则）$a>b>0 \Rightarrow a^n>b^n (n\in \mathbf{N}$，且 $n>1)$；

⑦ （开方法则）$a>b>0 \Rightarrow \sqrt[n]{a}>\sqrt[n]{b} (n\in \mathbf{N}$，且 $n>1)$.

能力层面训练 ▶

一、基础训练

1. 若 $a>b>c$，则一定有（　　）.

    A. $a+c>b-c$　　　B. $a-c>b+c$　　　C. $ac>bc$　　　D. $a+c>b+c$

2. 若 $a<b<0$，则一定有（　　）.

    A. $\dfrac{1}{a}<\dfrac{1}{b}$　　　B. $\dfrac{b}{a}>\dfrac{a}{b}$　　　C. $\dfrac{a}{b}>1$　　　D. $a-b>0$

3. 已知 $a,b,c,d\in \mathbf{R}$，若 $a>b,c>d$，则（　　）.

    A. $a-c>b-d$　　　B. $a+c>b+d$　　　C. $ac>bd$　　　D. $\dfrac{a}{c}>\dfrac{b}{d}$

4. 若 $a>b$ 且 $c\neq 0$，则下列不等式一定成立的是（　　）.

    A. $a-c>b-c$　　　B. $ac>bc$　　　C. $a^2>b^2$　　　D. $|a|>|b|$

5. 若 $a>b,\dfrac{1}{a}>\dfrac{1}{b}$，则 ab 与 0 的大小关系为（　　）.

  A. $ab=0$ B. $ab>0$ C. $ab<0$ D. 无法确定

6. 已知：$a<0,b>0$,且 $|a|>|b|$,则 $a,-a,b,-b$ 的大小关系为(　　).

  A. $-a<a<-b<b$ B. $a<-b<b<-a$

  C. $a<-a<b<-b$ D. $-b<a<-a<b$

7. 若 $-1<\alpha<\beta<1$,则 $\alpha-\beta$ 的取值范围是(　　).

  A. $-2<\alpha-\beta<0$ B. $-1<\alpha-\beta<1$

  C. $-2<\alpha-\beta<2$ D. $-2<\alpha-\beta<3$

二、综合运用

8. 若 $a,b,c\in\mathbf{R}$,那么下列命题正确的是(　　).

  A. $a>b\Rightarrow ac^2>bc^2$ B. $\dfrac{a}{c}>\dfrac{b}{c}\Rightarrow a>b$

  C. $\left.\begin{array}{l}a^2>b^2\\ab>0\end{array}\right\}\Rightarrow\dfrac{1}{a}<\dfrac{1}{b}$ D. $\left.\begin{array}{l}a^3>b^3\\ab<0\end{array}\right\}\Rightarrow\dfrac{1}{a}>\dfrac{1}{b}$

9. 若 $a>1,m=\sqrt{a+1}+\sqrt{a},n=\sqrt{a+2}+\sqrt{a-1}$,则 m 与 n 的大小关系是(　　).

  A. $m<n$ B. $m>n$ C. $m\leqslant n$ D. $m\geqslant n$

10. 设 $|m|>|n|$,则 $\dfrac{m+n}{m-n}$ 与 0 的大小为(　　).

  A. $\dfrac{m+n}{m-n}<0$ B. $\dfrac{m+n}{m-n}>0$ C. $\dfrac{m+n}{m-n}=0$ D. 无法确定

2.2　不等式的解法

2.2.1　一元二次不等式

知识要点表解 ▶

  一元二次不等式是比较重要的一类不等式,本节课主要学习一元二次不等式的解法.

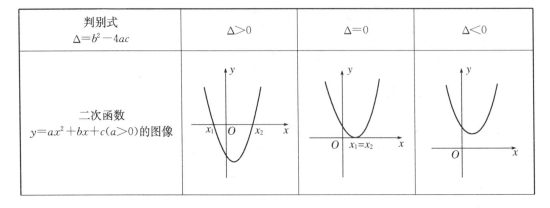

判别式 $\Delta=b^2-4ac$	$\Delta>0$	$\Delta=0$	$\Delta<0$
二次函数 $y=ax^2+bx+c(a>0)$ 的图像	(图像)	(图像)	(图像)

(续表)

判别式 $\Delta=b^2-4ac$	$\Delta>0$	$\Delta=0$	$\Delta<0$
一元二次方程 $ax^2+bx+c=0(a>0)$的根	有两个实数根 x_1,x_2	有一个实数根 x_1	没有实数根
一元二次不等式 $ax^2+bx+c>0(a>0)$的解集	$\{x\|x<x_1\text{ 或 }x>x_2\}$	$\{x\|x\neq x_1\}$	**R**
一元二次不等式 $ax^2+bx+c<0(a>0)$的解集	$\{x\|x_1<x<x_2\}$	$\varnothing$	$\varnothing$

方法主线导析 ▶

- **学法建议**

　　本节的重点是一元二次不等式的解法,利用函数的图像进行求解.首先画出函数的图像,然后求出该图像与 x 轴的交点坐标,找出函数图像在 x 轴上方或下方的部分,最后写出不等式的解集.

- **释疑解难**

　　求解一元二次不等式的一般步骤是什么?

　　求一元二次不等式 $ax^2+bx+c>0$(或<0)($a\neq0,\Delta=b^2-4ac>0$)解集的步骤:

　　一化:化二次项前的系数为正数.　　　　二判:判断对应方程的根.

　　三求:求对应方程的根.　　　　　　　　四画:画出对应函数的图像.

　　五解集:根据图像写出不等式的解集.

　　规律:当二次项系数为正时,小于取中间,大于取两边.

能力层面训练 ▶

一、基础训练

1. 集合 $A=\{x\|x^2-4x+3<0\}$,$B=\{x\|(x-2)(x-5)<0\}$,则 $A\cap B=($ 　　$)$.

　　A. $\{x\|1<x<3\}$　　　　　　　　　B. $\{x\|1<x<2\}$

　　C. $\{x\|2<x<4\}$　　　　　　　　　D. $\{x\|2<x<3\}$

2. 不等式 $-x^2+3x+4<0$ 的解集为($ 　　$)$.

　　A. $\{x\|-1<x<4\}$　　　　　　　　B. $\{x\|x>4\text{ 或 }x<-1\}$

　　C. $\{x\|x>1\text{ 或 }x<-4\}$　　　　D. $\{x\|-4<x<1\}$

3. 不等式 $ax^2+bx+c<0(a\neq0)$ 恒成立的条件是＿＿＿＿.

4. 已知 $f(x)=x^2-ax+1$,若 $f(x)<0$ 有解,则实数 a 的取值范围是＿＿＿＿.

5. 不等式组 $-4<x^2-5x+2<26$ 的整数解为＿＿＿＿.

6. 解下列不等式:

(1) $(2x-1)(3x+1)>0$;　　　　　　(2) $x^2+5x-14\leqslant 0$;

(3) $-2x^2>-3x-2$.

二、综合运用

7. 当 $a<0$ 时,关于 x 的不等式 $x^2-4ax-5a^2>0$ 的解集(　　　).

　　A. $\{x|x>5a$ 或 $x<-a\}$　　　　B. $\{x|x<5a$ 或 $x>-a\}$

　　C. $\{x|-a<x<5a\}$　　　　　　D. $\{x|5a<x<-a\}$

8. 已知不等式 $ax^2+5x+c>0$ 的解集为 $\left\{x\left|\dfrac{1}{3}<x<\dfrac{1}{2}\right.\right\}$,求 a、c 的值.

9. 已知函数 $y=(m^2+4m-5)x^2+4(1-m)x+3$ 对任意实数 x,函数值恒大于 0,求实数 m 的取值范围.

10. 解关于 x 的不等式:$x^2-(a+a^2)x+a^3>0(a\in\mathbf{R})$.

2.2.2　简单分式不等式

知识要点 ▶

分式不等式的解法:

(1) $\dfrac{f(x)}{g(x)}>0 \Leftrightarrow f(x)\cdot g(x)>0$;　　　　(2) $\dfrac{f(x)}{g(x)}<0 \Leftrightarrow f(x)\cdot g(x)<0$;

(3) $\dfrac{f(x)}{g(x)}\geqslant 0 \Leftrightarrow \begin{cases} f(x)\cdot g(x)\geqslant 0 \\ g(x)\neq 0 \end{cases}$;　　(4) $\dfrac{f(x)}{g(x)}\leqslant 0 \Leftrightarrow \begin{cases} f(x)\cdot g(x)\leqslant 0 \\ g(x)\neq 0 \end{cases}$.

方法主线导析 ▶

• 学法建议

本节重点是分式不等式的解法,一般是先移项通分标准化,然后把分式不等式等价转化为整式不等式求解.

能力层面训练 ▶

一、基础训练

1. 解下列不等式:

(1) $\dfrac{3}{x-2}<-2$;　　(2) $\dfrac{2-x}{3+2x}>0$;　　(3) $\dfrac{x-1}{1-2x}>1$.

2. 不等式 $\dfrac{ax}{x-1}<1$ 的解集为 $\{x\mid x<1$ 或 $x>2\}$,则 $a=($　　).

　　A. 1　　　　　　B. 0.5　　　　　　C. 1.5　　　　　　D. -0.5

3. 不等式 $\dfrac{x^2-2x-3}{x^2-2x+1}<0$ 的解为(　　).

　　A. $(-1,1)\bigcup(1,3)$　　　　　　B. $(-1,1)\bigcup(3,+\infty)$

　　C. $(-\infty,1)\bigcup(3,+\infty)$　　　　D. $(-1,3)$

二、综合运用

4. 解关于 x 的不等式 $\dfrac{a(x-1)}{x-2}>1(a\neq1)$.

2.2.3　含绝对值的不等式

知识要点 ▶

绝对值不等式的解法:

(1) $|x|\leqslant a \Leftrightarrow -a\leqslant x\leqslant a(a>0)$,

(2) $|x|\geqslant a \Leftrightarrow x\leqslant -a$ 或 $x\geqslant a(a>0)$,

(3) $|ax\pm b|\leqslant c(c>0) \Leftrightarrow -c\leqslant ax\pm b\leqslant c$,

(4) $|ax\pm b|\geqslant c(c>0) \Leftrightarrow ax\pm b\leqslant -c$ 或 $ax\pm b\geqslant c$.

方法主线导析 ▶

• **学法建议**

本节重点是绝对值不等式的解法. 解绝对值不等式的关键是去掉绝对值的符号.

能力层面训练 ▶

一、基础训练

1. 设 $2<x<3$，化简 $|3-2x|-|3x-10|=($).

    A. $5x-13$ B. $3x-2$ C. $3-2x$ D. $5x-8$

2. 不等式 $-2|x|>-7$ 的解集是(   ).

    A. $\left(-\dfrac{7}{2},\dfrac{7}{2}\right)$ B. $\left(-\infty,\dfrac{7}{2}\right)$ C. $\left(-\dfrac{7}{2},+\infty\right)$ D. $\left(-\dfrac{7}{2},\dfrac{7}{2}\right]$

3. 不等式 $|8-3x|\leqslant 0$ 的解集是(   ).

    A. $\left\{x\left|x\leqslant\dfrac{8}{3}\right.\right\}$ B. $\left\{x\left|x\geqslant\dfrac{8}{3}\right.\right\}$ C. $\left\{x\left|x=\dfrac{8}{3}\right.\right\}$ D. $\left\{x\left|x\neq\dfrac{8}{3}\right.\right\}$

4. 已知集合 $A=\{x||x-1|<2\}$，$B=\{x||x-1|>1\}$，则 $A\cap B$ 等于(   ).

    A. $\{x|-1<x<3\}$ B. $\{x|x<0$ 或 $x>3\}$

    C. $\{x|-1<x<0\}$ D. $\{x|-1<x<0$ 或 $2<x<3\}$

5. 不等式 $|3x-12|\leqslant 9$ 的整数解的个数是(   ).

    A. 7   B. 6   C. 5   D. 4

6. 不等式 $|x-4|+1>0$ 的解集是(   ).

    A. $\{x|x>5$，或 $x<3\}$ B. $\{x|3<x<4\}$

    C. **R**   D. $\varnothing$

7. 解不等式 $\left|1-\dfrac{x}{2}\right|<5$.

8. 解不等式 $1\leqslant|x-3|\leqslant 6$.

二、综合运用

9. 函数 $y=\max(|x+1|,|x-2|),x\in\mathbf{R}$ 的最小值是(　　).

    A. $\dfrac{3}{2}$ B. 1   C. 2   D. $\dfrac{2}{3}$

10. 若 $\sqrt{a^2}=a$,且 $|a|<1$,化简 $\sqrt{a^2+\dfrac{1}{a^2}-2}+\left|a+\dfrac{1}{a}\right|$ 为＿＿＿＿.

11. 不等式 $|x-1|+2|x+3|<5$ 的解集是＿＿＿＿.

12. 解不等式 $|2x-1|<2-3x$.

13. 不等式 $|x-1|+|x+3|>a$,对一切实数 x 都成立,求实数 a 的取值范围.

2.3　基本不等式

知识要点 ▶

(1) $a^2+b^2\geqslant 2ab(a,b\in\mathbf{R})$(当且仅当 $a=b$ 时取"＝"号).

变形公式:$ab\leqslant\dfrac{a^2+b^2}{2}$.

(2)(基本不等式)$\dfrac{a+b}{2}\geqslant\sqrt{ab}$($a,b$ 为正数)(当且仅当 $a=b$ 时取等号).

变形公式:$a+b\geqslant 2\sqrt{ab}$,$ab\leqslant\left(\dfrac{a+b}{2}\right)^2$.

方法主线导析 ▶

· **学法建议**

本节重点是基本不等式的应用.基本不等式的应用技巧性较强,在公式的应用过程中,要注意公式的变形以及公式使用的条件.

- **释疑解难**

    使用基本不等式求最值问题的条件是什么?

    用基本不等式求最值时(积定和最小,和定积最大),要注意满足三个条件"一正、二定、三相等".

能力层面训练 ▶

一、基础训练

1. 设 $a \neq 2$,且 $a \neq 0$,则 $\dfrac{a^2+4}{4a}$ 与 1 的大小关系是(　　).

    A. $\dfrac{a^2+4}{4a}>1$ 　　 B. $\dfrac{a^2+4}{4a}=1$ 　　 C. $\dfrac{a^2+4}{4a}<1$ 　　 D. 不能确定

2. 设 $b>a>0$ 且 $a+b=1$,则下列四个数 $\dfrac{1}{2}$,$2ab$,a^2+b^2,b 中最大的数是(　　).

    A. $\dfrac{1}{2}$ 　　　　 B. $2ab$ 　　　　 C. a^2+b^2 　　　　 D. b

3. 下列不等式中,对任意 $a \in \mathbf{R}$ 恒成立的是(　　).

    A. $\dfrac{1}{a^2+1}<1$ 　　　　　　　　　　 B. $a^2+1>2a$

    C. $\lg(a^2+1) \geqslant \lg 2a$ 　　　　　　　　 D. $\dfrac{4a}{a^2+4} \leqslant 1$

4. 下列各式中,最小值为 2 的是(　　).

    A. $y=\dfrac{1}{x}+x \ (x<0)$ 　　　　　　　 B. $y=\dfrac{1}{x}+1 \ (x \geqslant 1)$

    C. $y=\sqrt{x}+\dfrac{4}{\sqrt{x}}-2 \ (x<0)$ 　　 D. $y=\dfrac{x^2+3}{\sqrt{x^2+2}}$

5. 若 $a+b=1$,a,b 都为正数,求 ab 的最大值.

6. 求函数 $y=x+\dfrac{1}{x-2} \ (x>2)$ 的最小值.

7. 试求函数 $f(x) = x + \dfrac{1}{x}(x \neq 0)$ 的值域.

8. 已知 $x > 1$，求 $y = 24 - 6x - \dfrac{24}{x-1}$ 的最大值.

二、综合运用

9. 若 $x + 2y = 4(x > 0, y > 0)$，求 xy 的最大值.

10. 设 a, b, c 都是正数，$a + b + c = 1$，求证：$\left(\dfrac{1}{a} - 1\right)\left(\dfrac{1}{b} - 1\right)\left(\dfrac{1}{c} - 1\right) \geqslant 8$.

11. 已知 a, b 都是正数，且 $ab - a - b = 1$，试求 $a + b$ 的最小值.

12. 已知：a, b 都是正数，且 $a + b = 1$，$\alpha = a + \dfrac{1}{a}$，$\beta = b + \dfrac{1}{b}$，求 $\alpha + \beta$ 的最小值.

第二章 综合测试题

一、选择题(每题 5 分,共 40 分)

1. 设 a,b 是非零实数,且 $a<b$,则下列不等式成立的是( ).

    A. $a^2<b^2$ 　　 B. $ab^2<a^2b$ 　　 C. $\dfrac{1}{ab^2}<\dfrac{1}{a^2b}$ 　　 D. $\dfrac{b}{a}<\dfrac{a}{b}$

2. 设 $a>1>b>-1$,则下列不等式中恒成立的是( ).

    A. $\dfrac{1}{a}<\dfrac{1}{b}$ 　　 B. $\dfrac{1}{a}>\dfrac{1}{b}$ 　　 C. $a>b^2$ 　　 D. $a^2>2b$

3. 若对任意实数 $x\in\mathbf{R}$,不等式 $|x|\geqslant ax$ 恒成立,则实数 a 的取值范围是( ).

    A. $a<-1$ 　　 B. $|a|\leqslant1$ 　　 C. $|a|<1$ 　　 D. $a\geqslant1$

4. 若 $-2x^2+5x-2>0$,则 $\sqrt{4x^2-4x+1}+2|x-2|$ 等于( ).

    A. $4x-5$ 　　 B. -3 　　 C. 3 　　 D. $5-4x$

5. 不等式 $x^3-x\geqslant0$ 的解集为( ).

    A. $(1,+\infty)$ 　　　　　　　　 B. $[1,+\infty)$

    C. $[0,1)\cup(1,+\infty)$ 　　　　 D. $[-1,0]\cup[1,+\infty)$

6. 已知 $a,b\in\mathbf{R}$,则使 $|a|+|b|\geqslant1$ 成立的一个条件是( ).

    A. $|a+b|<1$ 　 B. $a\leqslant1$,且 $b\leqslant1$ 　 C. $a<1$,且 $b<1$ 　 D. $a^2+b^2\geqslant1$

7. 不等式 $\dfrac{3x-1}{2-x}\geqslant1$ 的解集是( ).

    A. $\left\{x\left|\dfrac{3}{4}\leqslant x\leqslant2\right.\right\}$ 　　　　　 B. $\left\{x\left|\dfrac{3}{4}\leqslant x<2\right.\right\}$

    C. $\left\{x\left|x>2\text{ 或 }x\leqslant\dfrac{3}{4}\right.\right\}$ 　　　　 D. $\{x|x<2\}$

8. 如果实数 x,y 满足 $x^2+y^2=1$,则 $(1-xy)(1+xy)$ 有( ).

    A. 最小值 $\dfrac{1}{2}$ 和最大值 1 　　　　 B. 最大值 1 和最小值 $\dfrac{3}{4}$

    C. 最小值 $\dfrac{3}{4}$ 而无最大值 　　　　 D. 最大值 1 而无最小值

二、填空题(每题 5 分,共 30 分)

9. 以下四个不等式:① $a<0<b$,② $b<a<0$,③ $b<0<a$,④ $0<b<a$,其中使 $\dfrac{1}{a}<\dfrac{1}{b}$

成立的条件是_____.

10. 不等式组 $\begin{cases}x\geqslant-2\\x>-3\end{cases}$ 的负整数解是_____.

11. 不等式 $\dfrac{x^2+1}{2-x}<0$ 的解集是_____.

12. 关于 x 的不等式 $x^2-\left(a+\dfrac{1}{a}+1\right)x+a+\dfrac{1}{a}<0(a>0)$ 的解集为_____.

13. 若不等式 $x^2-2x+3\leqslant a^2-2a-1$ 在 **R** 上的解集是空集,则 a 的取值范围是_____.

14. 若 $f(n)=\sqrt{n^2+1}-n,g(n)=n-\sqrt{n^2-1},\varphi(n)=\dfrac{1}{2n}(n\in\mathbf{N})$,用不等号连结起来为_____.

三、解答题(每题 10 分,共 30 分)

15. 求证:$a^2+b^2+c^2\geqslant ab+bc+ca$.

16. 已知函数 $y=x^2-2x+\dfrac{4}{9(x-1)^2}$,$x\in(-\infty,1)\cup(1,+\infty)$,求 y 的最小值.

17. 已知关于 x 的不等式 $(ax-5)(x^2-a)<0$ 的解集为 M.
(1) 当 $a=4$ 时,求集合 M;(2) 当 $3\in M$,且 $5\notin M$ 时,求实数 a 的取值范围.

第三章 函 数

3.1 对应与映射

知识要点 ▶

(1) 映射的概念:设 A,B 是两个非空集合,如果按照某种对应关系 f,对于集合 A 中的任何一个元素,在集合 B 中都有唯一确定的元素与它对应,这样的对应关系 f 叫作从集合 A 到集合 B 的映射,记作 $f:A{\to}B$.

(2) 象和原象:给定一个从集合 A 到 B 的映射,且 $a{\in}A$,$b{\in}B$,如果元素 a 和元素 b 对应,那么,我们把元素 b 叫作元素 a 的象,元素 a 叫作元素 b 的原象.

(3) 映射的种类:如果一个从集合 A 到集合 B 的映射 f,使 A 中任意两个不同元素在 B 中的象也不相同,这种映射称为单映射;使 B 中每个元素都是 A 中元素的原象,这种映射称为满映射;既是单射又是满射的映射称为一一映射.

方法主线导析 ▶

• **学法建议**

本节重点是映射的概念.学习过程中,学会与实际生活联系起来,从实际生活中找例子.

• **释疑解难**

1. 如何理解原象与象?

映射 $f:A{\to}B$ 中,A 集合是由原象构成的集合,即原象在 A 集合中,而象在 B 集合中.例如:在对应关系 f 的作用下,A 集合中的元素 a 与 B 集合中的元素 b 对应,则元素 a 叫作元素 b 的原象,元素 b 叫作元素 a 的象.集合 A 中的每一个元素,在集合 B 中都有象,并且象是唯一的;集合 A 中不同的元素,在集合 B 中对应的象可以是同一个;不要求集合 B 中的每一个元素在集合 A 中都有原象.

2. 如何理解映射的概念?

(1) 映射是一种特殊的对应.(2) 集合 A、B 及对应关系 f 是确定的.(3) 对应关系有"方向性",即强调从集合 A 到集合 B 的对应,它与从 B 到 A 的对应关系一般是不同的.

(4) 映射由三部分组成,非空原象集 A,非空象集 B,和对应关系 f,称为映射的三要素. 在对应关系 f 的作用下,原象集 A 中的每一个元素,在象集 B 中都有唯一的元素与其对应.

(5) 集合 A 中的元素与集合 B 中的元素对应,只能是一对一、多对一,但不能是一对多.

能力层面训练

一、基础训练

1. 下列从集合 A 到集合 B 的对应中为映射的是(   ).

    A. $A=B=\mathbf{N}^*$,对应关系 $f:x\rightarrow y=|x-3|$

    B. $A=R,B=\{0,1\}$,对应关系 $f:x\rightarrow y=\begin{cases}1,(x\geqslant 0)\\0,(x<0)\end{cases}$

    C. $A=B=R$,对应关系 $f:x\rightarrow y=\pm\sqrt{x}$

    D. $A=B=\{x\in\mathbf{R}|x>0\}$,对应关系 $f:x\rightarrow y=(x-1)^2$

2. 设 $A=\{x|0\leqslant x\leqslant 2\}$,$B=\{y|1\leqslant y\leqslant 2\}$,下图能表示从集合 A 到集合 B 的映射的是(   ).

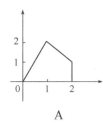 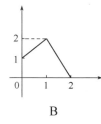 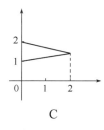 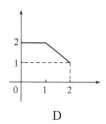

    A   B   C   D

3. 若 $f:A\rightarrow B$ 能构成映射,下列说法正确的有(   ).

(1) A 中的任一元素在 B 中必须有象且唯一;(2) B 中的多个元素可以在 A 中有相同的原象;(3) B 中的元素可以在 A 中无原象;(4) 象的集合就是集合 B.

    A. 4 个   B. 3 个   C. 2 个   D. 1 个

4. 在给定的映射 $f:(x,y)\rightarrow(2x+y,xy)(x,y\in\mathbf{R})$ 的条件下,点 $\left(\dfrac{1}{6},-\dfrac{1}{6}\right)$ 的原象是(   ).

    A. $\left(\dfrac{1}{6},-\dfrac{1}{6}\right)$ B. $\left(\dfrac{1}{3},-\dfrac{1}{2}\right)$ 或 $\left(-\dfrac{1}{4},\dfrac{2}{3}\right)$

    C. $\left(\dfrac{1}{36},-\dfrac{1}{6}\right)$ D. $\left(\dfrac{1}{2},\dfrac{1}{3}\right)$ 或 $\left(-\dfrac{2}{3},\dfrac{1}{4}\right)$

5. 映射 $f:A\rightarrow B$,下列结论正确的是(   ).

    A. A 中每个元素必有象,但 B 中元素不一定有原象

    B. B 中每个元素必有原象

    C. B 中每个元素只有一个原象

    D. A 或 B 可以空集或不是数集

6. 已知 a、b 为实数,集合 $M=\{b,1\}$,$N=\{a,0\}$,$f:x\rightarrow x$ 表示把 M 中的元素 x 映射

到集合 N 中仍为 x,则 $a+b$ 等于_____.

7. 设 $f:A \rightarrow B$ 是从 A 到 B 的一个映射,其中 $A=B=\{(x,y)|x,y \in \mathbf{R}\}$,$f:(x,y) \rightarrow (x+y,xy)$.则 A 中元素 $(1,-2)$ 的象是_____,B 中元素 $(1,-2)$ 的原象是_____.

二、综合运用

8. 集合 $A=\{3,4\}$,$B=\{5,6,7\}$,那么可建立从 A 到 B 的映射个数是_____,从 B 到 A 的映射个数是_____.

9. 设 $f:x \rightarrow x^2$ 是集合 A 到集合 B 的映射,如果 $B=\{1,2\}$,则 $A \bigcap B$ 等于( ).

    A. $\{1\}$ B. $\varnothing$ C. $\varnothing$ 或 $\{1\}$ D. $\varnothing$ 或 $\{2\}$

10. 已知映射 $f:A \rightarrow B$,其中集合 $A=\{-3,-2,-1,1,2,3,4\}$,集合 B 中的元素都是 A 中元素在映射 f 下的象,且对任意的 $a \in A$,在 B 中和它对应的元素是 $|a|$,则集合 B 中元素的个数是( ).

    A. 4   B. 5   C. 6   D. 7

11. 已知映射 $f:A \rightarrow B$,其中 $A=B=R$,对应法则 $f:x \rightarrow y=-x^2+2x$,对于实数 $k \in B$ 在集合 A 中存在不同的两个原象,则 k 的取值范围是( ).

    A. $k>1$ B. $k \leqslant 1$ C. $k \geqslant 1$ D. $k<1$

3.2 函数及其表示

知识要点表解 ▶

函数是一种特殊的映射,它是今后学习幂函数、指数函数、对数函数、三角函数的基础,本节摆脱了初中学过的一次函数、二次函数等函数的传统定义,转而学习用映射刻画函数的近代定义,理解函数的定义域、值域与函数符号 $y=f(x)$ 的含义.

定 义	三要素	特 征	涉及函数
设 A、B 都是非空数集,如果按照某个确定的对应关系 f,使对于集合 A 中的任何一个数 x,在集合 B 中都有唯一确定的数 $f(x)$ 与之对应,则称 $f:A \rightarrow B$ 为从集合 A 到 B 的一个函数,记作 $y=f(x)$	1. 定义域 2. 值域 3. 对应关系	1. 集合 A 与 B 都是非空数集 2. A 中任一元素在 B 中都有唯一的象,原象集合即为定义域 3. B 中任一元素在集合 A 中都有原象,象集就是它的值域	正比例函数 反比例函数 一次函数 二次函数 常数函数 分段函数

在理解函数概念的基础上,要掌握求解函数的定义域、值域与函数解析式的方法,并通过画函数图像的学习,对一次函数、二次函数、分段函数等图像有更深刻的认识.

方法主线导析

• 学法建议

本节的重点是函数定义域的理解,掌握函数的定义域、值域与函数解析式的求解方法,并通过数形结合思想方法,由函数的定义域、值域与解析式正确画出其函数图像. 反之,由函数图像,求出所表示的函数的定义域、值域.

• 释疑解难

1. 如何理解函数?

(1) 函数是一种特殊的映射,集合 A、B 都是非空的数的集合.(2) 值域 $C=\{f(x)\mid x\in A\}$,确定函数的映射是从定义域 A 到值域 C 上的映射,允许 A 中的不同元素在 C 中有相同的象,但不允许 C 中的元素在 A 中没有原象.

2. 符号 $y=f(x)$ 的含义是什么? $f(a)$ 与 $f(x)$ 有什么区别?

答:$y=f(x)$ 中的"f"表示对应关系,可以是解析式、表格、图像,"$f(x)$"是一个整体,表示数 x 对应的函数值,不能理解为 f 与 x 的乘积. $f(a)$ 的含义与 $f(x)$ 又不同,前者表示自变量 $x=a$ 时所得的函数值,它是一个常量,而后者是 x 的函数,在通常情况下,它是一个变量.

3. 如何理解函数的三要素?

函数的定义域、值域、对应关系 f 统称为函数的三要素,其中对应关系 f 是核心,f 是使对应得以实现的方法和途径,是联系 x 与 y 的纽带.定义域是自变量 x 的取值范围,是函数的一个重要组成部分.同一个函数的对应关系,由于定义域不相同,函数的图像与性质一般也不相同.

4. 如何理解函数相等的概念?

两个函数相等当且仅当它们的定义域和对应关系完全一致,而与表示自变量和函数值的字母无关.因此相同函数的判断方法:① 表达式相同;② 定义域一致(两点必须同时具备).

5. 如何求函数的定义域?

能使函数式有意义的实数 x 的集合称为函数的定义域,求函数的定义域时列不等式的主要依据是:① 分式的分母不等于零;② 偶次方根的被开方数不小于零;③ 如果函数是由整式构成的,则定义域为 **R**;④ 如果函数是由一些基本函数通过四则运算结合而成的,那么它的定义域是使各部分都有意义的 x 的值组成的集合;⑤ 指数为零底不可以等于零;⑥ 实际问题中的函数的定义域还要保证实际问题有意义.

6. 求函数的值域的方法有哪些?

① 函数的值域取决于定义域和对应关系,不论采取什么方法求函数的值域都应先考虑其定义域;② 应熟悉掌握一次函数、二次函数、反比例函数的值域,它是求解复杂函数值域的基础;③ 求解值域的方法有观察法、配方法、图像法、换元法等.

7. 如何求函数的解析式?

求函数的解析式的主要方法有待定系数法、换元法、消参法等,如果已知函数解析式的构造,可用待定系数法. 如求一次函数的解析式时,设该函数的解析式为 $y=ax+b$,根据题意求出系数 a、b 即可. 若已知复合函数 $f[g(x)]$ 的表达式,可用换元法,这时要注意元的取值范围;若已知表达式较简单,也可用凑配法;若已知抽象函数表达式,则常用解方程组消参的方法求出 $f(x)$.

8. 如何理解分段函数?

① 分段函数的解析式不能写成几个不同的函数,而应将几种不同的表达式用一个左大括号括起来,并分别注明各部分的自变量的取值情况;② 在不同的范围里求函数值时必须把自变量代入相应的表达式;③ 分段函数是一个函数,不要把它误认为是几个函数;④ 分段函数的定义域是各段定义域的并集,值域是各段值域的并集.

能力层面训练

3.2.1 函数的概念

一、基础训练

1. 在下列从集合 A 到集合 B 的对应关系中,可以确定 y 是 x 的函数的是(   ).

　　A. $A=\mathbf{Z}$,$B=\mathbf{Z}$,对应关系 $f: x \rightarrow y=\dfrac{x}{3}$

　　B. $A=\{x|x>0\}$,$B=\mathbf{R}$,对应关系 $f: x \rightarrow y^2=3x$

　　C. $A=\mathbf{R}$,$B=\mathbf{R}$,对应关系 $f: x \rightarrow y^2=25-x^2$

　　D. $A=\mathbf{R}$,$B=\mathbf{R}$,对应关系 $f: x \rightarrow y=x^2$

2. 下列四个图像中,是函数图像的是(   ).

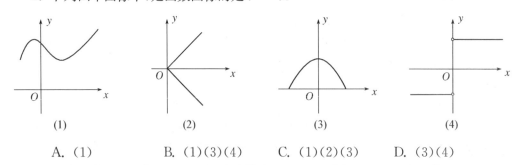

(1)　　　　　　(2)　　　　　　(3)　　　　　　(4)

　　A. (1)　　　　B. (1)(3)(4)　　　　C. (1)(2)(3)　　　　D. (3)(4)

3. 二次函数 $y=4x^2-mx+5$ 的对称轴为 $x=-2$,则当 $x=1$ 时,y 的值为(   ).

　　A. -7　　　　B. 1　　　　C. 17　　　　D. 25

4. 下列各组函数是同一函数的是(   ).

① $f(x)=\sqrt{-2x^3}$ 与 $g(x)=x\sqrt{-2x}$;② $f(x)=|x|$ 与 $g(x)=(\sqrt{x})^2$;③ $f(x)=x^0$ 与 $g(x)=\dfrac{1}{x^0}$;④ $f(x)=x^2-2x-1$ 与 $g(t)=t^2-2t-1$.

　　A. ①②　　　　B. ①③　　　　C. ③④　　　　D. ①④

5. 已知 $f(x)=x^2+1$,则 $f[f(-1)]$ 的值等于(　　).

　　A. 2　　　　　　　B. 3　　　　　　　C. 4　　　　　　　D. 5

6. 用区间表示下列集合:

(1) $\{x|x\leqslant 4\}$;　　　(2) $\{x|x\leqslant 0$ 或 $x>2\}$;　　　(3) $\{x|x\leqslant 4$ 且 $x\neq 0\}$.

7. 求下列函数的定义域:

(1) $y=\sqrt{2-3x}$;　　　　　　　　　　(2) $y=\dfrac{1}{x^2-|x|}$;

(3) $y=\sqrt{4-x^2}-\sqrt{x^2-4}$;　　　　　(4) $y=\dfrac{1}{2-|x|}+\sqrt{x^2-1}$.

8. 求下列函数的值域:

(1) $f(x)=x^2-2x+3,x\in\{-1,0,1,2\}$;

(2) $f(x)=x^2-6x+4,x\in(2,6]$;

(3) $f(x)=\dfrac{x-1}{x+2}$;　　　　　　　　(4) $f(x)=x+\sqrt{x-1}$.

9. 已知函数 $f(x)=\dfrac{x}{ax+b}$(a、b 为常数,且 $a\neq 0$)满足 $f(2)=1$ 且 $f(x)=x$ 有唯一解,求函数 $y=f(x)$ 的解析式和 $f[f(-3)]$ 的值.

二、综合运用

10. 若 $f(x)=2x^2-1(-\sqrt{3}<x<\sqrt{5})$,$f(a)=7$,则 a 的值是(　　).

　　A. 1　　　　　　　B. -1　　　　　　C. 2　　　　　　　D. ± 2

11. 函数 $y = \dfrac{x+2}{x^2+3x+6}$ 的值域为(　　).

A. $\left[-\dfrac{1}{5}, \dfrac{1}{3}\right]$　　B. $\left[\dfrac{1}{5}, \dfrac{1}{3}\right]$　　C. $\left(-\infty, \dfrac{1}{3}\right]$　　D. $\left[-\dfrac{1}{3}, \dfrac{1}{5}\right]$

12. 若函数 $f(x) = \dfrac{x-4}{mx^2+4mx+3}$ 的定义域为 **R**,则实数 m 的取值范围是(　　).

A. $(-\infty, +\infty)$　　B. $\left(0, \dfrac{3}{4}\right]$　　C. $\left(\dfrac{3}{4}, +\infty\right)$　　D. $\left[0, \dfrac{3}{4}\right)$

13. 已知 $f(x)$ 满足 $f(x)+f(y)=f(xy)$,且 $f(5)=m$,$f(7)=n$,则 $f(175)$ = _____.

14. (1) 已知函数 $f(x)$ 的定义域为 $[0,1]$,求 $f(x-1)$ 的定义域;

(2) 已知函数 $f(2x-1)$ 的定义域为 $[0,1]$,求 $f(1-3x)$ 的定义域.

15. 已知函数 $f(x) = \dfrac{x^2}{1+x^2}$ 求 $f(1)+f(2)+f\left(\dfrac{1}{2}\right)+f(3)+f\left(\dfrac{1}{3}\right)+f(4)+f\left(\dfrac{1}{4}\right)$.

3.2.2 函数的表示方法

一、基础训练

1. 下列所给四个图像中,与所给三件事吻合最好的顺序为(　　).

(1) 我离开家不久,发现自己把作业本忘在家里了,于是立刻返回家里取了作业本再上学;

(2) 我骑着车一路匀速行驶,只是在途中遇到一次交通堵塞,耽搁了一些时间;

(3) 我出发后,心情轻松,缓缓行进,后来为了赶时间开始加速.

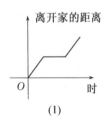
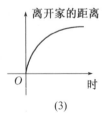

A. (1)(2)(4)　　B. (4)(2)(3)　　C. (4)(1)(3)　　D. (4)(1)(2)

2. 函数 $y=x+\dfrac{|x|}{x}$ 的图像是下图中的(　　).

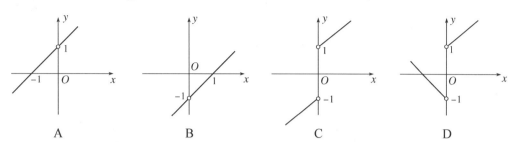

A　　　　　　　B　　　　　　　C　　　　　　　D

3. 函数 $y=4(x+3)^2-4$ 的图像可由函数 $y=4(x-3)^2+4$ 的图像经过下列哪种平移得到(　　).

    A. 向右平移 6,再向下平移 8　　　　B. 向左平移 6,再向下平移 8

    C. 向右平移 6,再向上平移 8　　　　D. 向左平移 6,再向上平移 8

4. 已知函数 $f(x)=x^2+ax+b$ 满足 $f(1)=0,f(2)=0$,则 $f(-1)$ 的值是(　　).

    A. 5　　　　　　B. -5　　　　　　C. 6　　　　　　D. -6

5. 已知 $f(x)=x+1$,则 $f(f(3))=($　　$)$.

    A. 2　　　　　　B. 4　　　　　　C. 5　　　　　　D. 6

6. 已知 $f(x)=\begin{cases} x^2 & (x>0) \\ \pi & (x=0) \\ 0 & (x<0) \end{cases}$,则 $f\{f[f(-2)]\}$ 等于(　　).

    A. 0　　　　　　B. π　　　　　　C. π^2　　　　　　D. 4

7. 下列函数:① $y=2x+5$;② $y=\dfrac{1}{x^2+2}$;③ $y=\sqrt{|x|-x}$;④ $y=\begin{cases} 2x & x<0, \\ -\dfrac{1}{x+1} & x\geqslant 0. \end{cases}$

定义域为 **R** 的个数为(　　).

    A. 1 个　　　　　　B. 2 个　　　　　　C. 3 个　　　　　　D. 4 个

8. 设函数 $f(x)=x^2+2,g(x)=2x$,则 $f(g(x))=$_____.

9. 已知 $f(x)$ 是一次函数,且 $2f(1)+3f(2)=3,2f(-1)-f(0)=-1$,求函数 $f(x)$ 的解析式.

10. 画出函数 $f(x)=|x-1|$ 的图像,并求 $f(-3),f(3),f(-1),f(1)$ 的值.

11. 已知 A、B 两地相距 150 千米,某人开汽车以 60 千米/小时的速度从 A 地到达 B 地,在 B 地停留 1 小时后再以 50 千米/小时的速度返回 A 地,y 表示汽车离开 A 地的距离,t 表示时间(小时),求 y 与 t 之间的函数关系式.

12. 已知某皮鞋厂一天的生产成本 C(元)与生产数量 n(双)之间的函数关系是 $C=4000+50n$.

(1) 求一天生产 1000 双皮鞋的成本.

(2) 如果某天的生产成本是 48000 元,问:这一天生产了多少双皮鞋?

(3) 若每双皮鞋售价为 90 元,且生产的皮鞋全部售出,试写出这一天的利润 P 关于这一天生产数量 n 的函数关系式.

二、综合运用

13. 已知 $f(x+1)=x^2-5x+4$,则 $f(x)$ 等于(　　).

A. x^2-5x+3　　　B. $x^2-7x+10$　　　C. $x^2-7x-10$　　　D. x^2-4x+6

14. 设 $f(x)=\begin{cases} x-2, & (x\geqslant 10) \\ f[f(x+6)], & (x<10) \end{cases}$ 则 $f(5)$ 的值为(　　).

A. 10　　　　　B. 11　　　　　C. 12　　　　　D. 13

15. 已知 $f(x)=\dfrac{x}{1+x}$,则

$$f(1)+f(2)+f(3)+\cdots+f(2003)+f(1)+f\left(\dfrac{1}{2}\right)+f\left(\dfrac{1}{3}\right)+\cdots+f\left(\dfrac{1}{2003}\right)=$$

_____.

16. (1) 已知 $f(\sqrt{x}+1)=x+2\sqrt{x}$,则 $f(x)$ 的表达式为_____.

(2) 已知 $f\left(x+\dfrac{1}{x}\right)=x^2+\dfrac{1}{x^2}$,则 $f(x)$ 的表达式为_____.

17. 已知 x_1,x_2 是关于 x 的一元二次方程 $x^2-2(m-1)x+m+1=0$ 的两个实根,又 $y=x_1^2+x_2^2$,求 $y=f(m)$ 的解析式及此函数的定义域.

3.3 函数的基本性质

 **知识要点**

函数的单调性是反映函数变化趋势的一个重要概念;函数的奇偶性则是函数的重要特征之一.本节主要学习函数的单调性、奇偶性的概念及判断方法.

		定 义	图像特征	分 类	判断方法
函数的单调性	增函数	设 $y=f(x)$ 的定义域为 $I,A\subseteq I$,任取 $x_1,x_2\in A$,当 $x_1<x_2$ 时,恒有 $f(x_1)<f(x_2)$,则 $y=f(x)$ 在 A 上是增函数.	随 x 的增大而上升	增函数 减函数	利用定义、图像的单调性判断
	减函数	设 $y=f(x)$ 的定义域为 $I,A\subseteq I$,任取 $x_1,x_2\in A$,当 $x_1<x_2$ 时,恒有 $f(x_1)>f(x_2)$,则 $y=f(x)$ 在 A 上是减函数.	随 x 的增大而下降		
函数的奇偶性	奇函数	若函数 $f(x)$ 对于定义域内的任一个 x,都有 $f(-x)=-f(x)$ 成立,则 $f(x)$ 为奇函数.	关于原点对称	奇函数、偶函数、非奇非偶函数、既奇又偶函数	首先判断函数的定义域是否关于原点对称,然后根据定义判断
	偶函数	若函数 $f(x)$ 对于定义域内的任一个 x,都有 $f(-x)=f(x)$ 成立,则 $f(x)$ 为偶函数.	关于 y 轴对称		

方法主线导析

• **学法建议**

本节的重点是理解函数的单调性、奇偶性的概念,掌握判断函数单调性、奇偶性的方法.在概念的理解上,要注意函数的单调性仅是函数在其定义域内的某个子区间上的性质,而函数的奇偶性则是函数在整个定义域上的性质,且函数的定义域必须关于原点对称.

· 释疑解难

1. 函数的单调区间与函数定义域的关系是什么?

答:函数的单调性是针对某个区间而言,而讨论函数的单调性必须在整个定义域内进行,所以函数的单调区间是其定义域的子集.

2. 在定义函数单调性时,x_1,x_2 在定义域中任取的本质是什么?

答:在本质上,就是把比较区间上无限多个函数值的大小问题转化为两个任意值的大小.

3. 根据定义证明函数单调性的一般步骤有哪些?

答:(1) 取值:设 x_1,x_2 是给定区间内的任意两个值,且 $x_1 < x_2$;(2)作差(商)变形:作差 $f(x_1)-f(x_2)$,并将差式变形 $\left(\text{或作商}\dfrac{f(x_1)}{f(x_2)},\text{并变形}\right)$;(3)判断:$f(x_1)-f(x_2)$ 的正负 $\left(\text{或}\dfrac{f(x_1)}{f(x_2)}(f(x_1)\text{与}f(x_2)\text{同号})\text{与}1\text{的大小比较}\right)$;(4) 下结论.

4. 奇、偶函数的本质属性是什么?为什么?

答:奇、偶函数的定义域关于原点对称是奇、偶函数的本质属性之一,因为 $f(x)$,$f(-x)$ 就意味着函数在 x,$-x$ 处都有意义;$f(-x)=-f(x)$ 或 $f(-x)=f(x)$ 是奇函数或偶函数的另一本质属性,因为这是由定义得证的,这是函数的一个非常特殊的性质,也并不是所有的函数都有这种性质.

5. 如何理解函数的奇偶性所体现的数形统一?

答:函数图像关于 y 轴对称或关于原点对称是函数奇偶性的几何意义;反之,函数奇偶性是函数图像对称性的代数描述,因此这就反映了数和形的统一性.

6. 函数奇偶性给我们提供了什么重要思路?

答:因为函数奇偶性反映了函数图像的对称性,所以如果函数具有奇偶性,则只需研究 $[0,+\infty)$ 或 $(-\infty,0]$ 内函数的变化情况,即可推断出整个定义域内的图像和性质,这是解题中的重要思路,也提供了解题的一种思维方法.

能力层面训练 ▶

3.3.1 函数的单调性

一、基础训练

1. 在区间 $(0,+\infty)$ 上不是增函数的是(   ).

　　A. $y=2x+1$ 　　B. $y=3x^2+1$ 　　C. $y=\dfrac{2}{x}$ 　　D. $y=2x^2+x+1$

2. 函数 $f(x)=|x|$ 和 $g(x)=x(2-x)$ 的递增区间依次是(   ).
　　A. $(-\infty,0]$,$(-\infty,1]$ 　　　　B. $(-\infty,0]$,$[1,+\infty)$
　　C. $[0,+\infty)$,$(-\infty,1]$ 　　　　D. $[0,+\infty)$,$[1,+\infty)$

3. 设函数 $f(x)=(2a-1)x+b$ 是 **R** 上的减函数,则有(   ).

A. $a>\dfrac{1}{2}$ 　　　　　　　B. $a<\dfrac{1}{2}$

C. $a\geqslant\dfrac{1}{2}$ 　　　　　　　D. $a\leqslant\dfrac{1}{2}$

4. 函数 $f(x)=x^2+2(a-1)x+2$ 在区间 $(-\infty,4]$ 内是减函数,则实数 $a($ 　　).

　　A. $a=-3$ 　　　B. $a\geqslant-3$ 　　　C. $a\leqslant-3$ 　　　D. 以上都不对

5. 已知函数 $y=f(x)$ 定义在 $[-2,1]$ 上,且有 $f(-1)>f(0)$,则下列判断正确的是(　　).

　　A. $f(x)$ 必为 $[-2,1]$ 上的单调增函数　B. $f(x)$ 必为 $[-2,1]$ 上的单调减函数

　　C. $f(x)$ 不是 $[-2,1]$ 上的单调减函数　D. $f(x)$ 不是 $[-2,1]$ 上的单调增函数

6. 函数 $y=1-\dfrac{1}{x-1}($ 　　).

　　A. 在 $(-1,+\infty)$ 内单调递增 　　　B. 在 $(-1,+\infty)$ 内单调递减

　　C. 在 $(1,+\infty)$ 内单调递增 　　　D. 在 $(1,+\infty)$ 内单调递减

7. 证明: $f(x)=-x^3+1$ 在 $(-\infty,+\infty)$ 上是减函数.

8. 若函数 $f(x)=\dfrac{(a+1)x^2+1}{bx}$,且 $f(1)=3,f(2)=\dfrac{9}{2}$

(1) 求 a,b 的值,写出 $f(x)$ 的表达式; 　　(2) 求证 $f(x)$ 在 $[1,+\infty)$ 上是增函数.

9. 对于二次函数 $y=-4x^2+8x-3$,

(1) 指出图像的开口方向、对称轴方程、顶点坐标;

(2) 画出它的图像,并说明其图像由 $y=-4x^2$ 的图像经过怎样平移得来;

（3）求该函数的最大值或最小值；

（4）分析该函数的单调性.

二、综合运用

10. 已知函数 $y=f(x)$ 的定义域是数集 $\mathbf{A}$,若对于任意 $a,b\in\mathbf{A}$,当 $a<b$ 时,都有 $f(a)<f(b)$,则方程 $f(x)=0$ 的实数根（　　）.

  A. 有且只有一个   B. 一个都没有

  C. 最多有一个   D. 可能会有两个或两个以上

11. 定义在 $\mathbf{R}$ 上的函数 $f(x)$ 对任意两个不相等实数 a,b,总有 $\dfrac{f(a)-f(b)}{a-b}>0$ 成立,则必有（　　）.

  A. 函数 $f(x)$ 是先增加后减少   B. 函数 $f(x)$ 是先减少后增加

  C. $f(x)$ 在 $\mathbf{R}$ 上是增函数   D. $f(x)$ 在 $\mathbf{R}$ 上是减函数

12. 设函数 $f(x)$ 是 $(-\infty,+\infty)$ 上的减函数,则（　　）.

  A. $f(a)>f(2a)$ B. $f(a^2)<f(a)$

  C. $f(a^2+a)<f(a)$ D. $f(a^2+1)<f(a)$

13. 画出函数 $y=-x^2+2|x|+3$ 的图像,并指出函数的单调区间.

3.3.2 函数的最大(小)值

一、基础训练

1. 函数 $f(x)=x^2+x-1$ 的最小值是 _____.

2. 若二次函数 $y=ax^2+bx+c$ 的图像与 x 轴交于 $A(-2,0)$,$B(4,0)$,且函数的最大值为 9,则这个二次函数的表达式是 _____.

3. 若 $x\geqslant 4$,则函数 $y=x+\dfrac{4}{x}$ 的最小值是（　　）.

  A. 4   B. 5   C. 6   D. 7

4. 已知函数 $f(x)=ax^2-2ax+3-b(a>0)$ 在 $[1,3]$ 有最大值 5 和最小值 1,求 a、b 的值.

5. 对于每个实数 x,设 $f(x)$ 是 $4x+1$,$x+2$ 和 $-2x+4$ 三个函数中的最小值,求 $f(x)$ 的最大值.

二、综合运用

6. 已知函数 $f(x)=\dfrac{x^2+2x+a}{x}$,$x\in[1,+\infty)$.

(1) 当 $a=\dfrac{1}{2}$ 时,求函数 $f(x)$ 的最小值;

(2) 若对任意 $x\in[1,+\infty)$,$f(x)>0$ 恒成立,试求实数 a 的取值范围.

7. 已知 $A=[1,b](b>1)$,对于 $f(x)=\dfrac{1}{2}(x-1)^2+1$,若 $x\in A$,$f(x)\in A$,试求 b 的值.

3.3.3 函数的奇偶性

一、基础训练

1. 下列结论中正确的个数为(　　).

① 偶函数的图像一定与 y 轴相交;② 奇函数的图像一定与 x 轴相交;③ 偶函数的图像关于 y 轴对称;④ 既是奇函数又是偶函数的解析式为 $f(x)=0(x\in\mathbf{R})$.

　　A. 1　　　　　　B. 2　　　　　　C. 3　　　　　　D. 4

2. 函数 $f(x)=x(-1<x\leqslant1)$ 的奇偶性是(　　).

    A. 奇函数非偶函数　　　　　　　　B. 偶函数非奇函数

    C. 奇函数且偶函数　　　　　　　　D. 非奇非偶函数

3. 已知函数 $f(x)=ax^2+bx+c(a\neq0)$ 是偶函数,那么 $g(x)=ax^3+bx^2+cx$ 是(　　).

    A. 偶函数　　　B. 奇函数　　　C. 既奇又偶函数　　D. 非奇非偶函数

4. 函数 $f(x)=x+\dfrac{1}{x}(x\neq0)$ 是(　　).

    A. 奇函数,且在 $(0,1)$ 上是增函数　　　B. 奇函数,且在 $(0,1)$ 上是减函数

    C. 偶函数,且在 $(0,1)$ 上是增函数　　　D. 偶函数,且在 $(0,1)$ 上是减函数

5. 若函数 $y=f(x)(-\dfrac{a^2}{2}\leqslant x\leqslant2)$ 是奇函数,则实数 a 的值是(　　).

    A. -2　　　　B. 2　　　　C. -2 或 2　　　　D. 无法确定

6. 对于定义域是 **R** 的任意奇函数 $f(x)$,均有(　　).

    A. $f(x)-f(-x)>0$　　　　　　B. $f(x)-f(-x)\leqslant0$

    C. $f(x)\cdot f(-x)\leqslant0$　　　　　　D. $f(x)\cdot f(-x)>0$

7. 判断下列函数的奇偶性:

(1) $f(x)=x^4-2x^2+3,x\in(-4,4]$;　　　(2) $f(x)=\dfrac{x^3(x-1)}{x-1}$;

(3) $f(x)=|3x+2|-|3x-2|$.

8. 证明:函数 $f(x)=x^2+1$ 是偶函数,且在 $[0,+\infty)$ 上是增加的.

二、综合运用

9. 已知 $f(x)=x^5+ax^3+bx-8$,且 $f(-2)=10$,那么 $f(2)$ 等于(　　).

    A. -26　　　　B. -18　　　　C. -10　　　　D. 10

10. 若函数 $f(x)=(k-2)x^2+(k-1)x+3$ 是偶函数,则 $f(x)$ 的递减区间是(　　).

    A. $(-\infty,3)$　　B. $(-\infty,0)$　　C. $(0,+\infty)$　　D. $(3,+\infty)$

11. $f(x)$ 为奇函数,且在 $(-\infty,0)$ 上是增函数;$g(x)$ 为偶函数,且在 $(-\infty,0)$ 上是增函数,则在 $(0,+\infty)$ 上(　　).

A. $f(x)$和$g(x)$都是增函数　　　B. $f(x)$和$g(x)$都是减函数

C. $f(x)$为增函数,$g(x)$为减函数　　D. $f(x)$为减函数,$g(x)$为增函数

12. 如果奇函数$f(x)$在区间$[a,b](b>a>0)$上是增函数,且最小值为m,那么$f(x)$在区间$[-b,-a]$上是（　　）.

A. 增函数且最小值为m　　　　　B. 增函数且最大值为$-m$

C. 减函数且最小值为m　　　　　D. 减函数且最大值为$-m$

13. 设函数$f(x)$在$(0,2)$上是增函数,且函数$f(x)$在$[-2,2]$上是偶函数,试比较$f(1),f\left(-\frac{1}{2}\right),f\left(-\frac{3}{2}\right)$的大小关系为＿＿＿＿＿＿＿＿＿＿.

14. 函数$f(x)$为$\mathbf{R}$上的奇函数,当$x\geqslant0$时,$f(x)=x^2+2x$,则当$x<0$时,$f(x)=$＿＿＿＿＿.

15. 已知函数$f(x)$对任意实数x,y都满足$f(x+y)=f(x)+f(y)$,判断函数的奇偶性.

3.4　反函数

知识要点表解 ▶

本节主要学习反函数的概念,求反函数的方法,以及互为反函数的函数图像间的关系.

定　义	符号表示		求反函数的方法步骤	互为反函数的函数图像间的关系
	原来函数	反函数		
设函数$y=f(x)(x\in D)$的值域是M,根据这个函数中x,y的关系,用y把x表示出,得到$x=\varphi(y)$.若对于y在M中的任何一个值,通过$x=\varphi(y)$,x在D中都有唯一的值和它对应,那么$x=\varphi(y)$就表示y是自变量,x是自变量y的函数,这样的函数$x=\varphi(y)(y\in M)$叫作函数$y=f(x)(x\in D)$的反函数,记作$x=f^{-1}(y)$.	$y=f(x)$	$y=f^{-1}(x)$	1. 判断$y=f(x)$的反函数的存在性 2. 确定原来函数的值域,它是反函数的定义域 3. 由$y=f(x)$的解析式求出$x=f^{-1}(y)$ 4. 对换x,y得反函数的表达式$y=f^{-1}(x)$,并注明它的定义域	$y=f(x)$与$y=f^{-1}(x)$的图像关于直线$y=x$对称

方法主线导析 ▶

• 学法建议

本节的重点是掌握求反函数的方法步骤,充分认识互为反函数的函数图像间的关系;要明确给定函数与其反函数的关系.

• 释疑解难

1. 如何理解反函数的定义?

答:(1) 反函数与原函数的对应关系互逆;(2) 反函数的定义域是原函数的值域,反函数的值域是原函数的定义域;(3) 反函数与原函数互为反函数,即反函数的反函数就是原函数;(4) 要充分认识反函数的存在性.

2. 是否所有的函数都存在反函数?

并非所有的函数都有反函数. 例如:函数 $y=x^2$ 就不存在反函数. 如果对定义域进行限制 $x>0$,则函数 $y=x^2$ 存在反函数.

反函数存在的条件:从定义域到值域上的一一映射确定的函数才有反函数.

3. 原函数与反函数的定义域与值域之间有什么关系?

反函数的定义域、值域上分别是原函数的值域、定义域,若 $y=f(x)$ 与 $y=f^{-1}(x)$ 互为反函数,函数 $y=f(x)$ 的定义域为 D,值域为 A,则 $f[f^{-1}(x)]=x(x\in A)$,$f^{-1}[f(x)]=x(x\in D)$.

	函数 $y=f(x)$	反函数 $y=f^{-1}(x)$
定义域	D	A
值 域	A	D

4. 如何理解互为反函数的函数图像关于 $y=x$ 对称?

如果点 (a,b) 在函数 $y=f(x)$ 的图像上,那么点 (b,a) 必然在它的反函数 $y=f^{-1}(x)$ 的图像上. 换言之,如果函数 $y=f(x)$ 的图像上有点 (a,b),那么它的反函数 $y=f^{-1}(x)$ 的图像上必然有点 (b,a).

能力层面训练 ▶

一、基础训练

1. 下列互为反函数的是( ).

    A. $y=x+5$ 与 $y=-x-5$ B. $y=x^3$ 与 $y=\sqrt[3]{x}$

    C. $y=x^2$ 与 $y=\sqrt{x}$ D. $y=x$ 与 $y=\dfrac{1}{x}$

2. 已知函数 $y=f(x)$,则该函数的图像与下列函数的图像关于直线 $x-y=0$ 对称的

第三章　函　数

是(　　).

  A. $y=-f(x)$ B. $y=-f^{-1}(x)$ C. $y=f^{-1}(x)$ D. $y=-f(-x)$

3. 若函数 $y=\dfrac{ax+1}{4x+5}\left(x\neq\dfrac{4}{5}\right)$ 的图像关于直线 $y=x$ 对称,则 $a=$(　　).

  A. -3 B. -5 C. -7 D. -9

4. 已知点 (a,b) 在 $y=f(x)$ 的图像上,则下列各点中位于其反函数图像上的点是(　　).

  A. $(a,f^{-1}(a))$ B. $(f^{-1}(b),b)$ C. $(f^{-1}(a),a)$ D. $(b,f^{-1}(b))$

5. 若函数 $f(x)=x^2-1(x\leqslant-1)$,则 $f^{-1}(4)$ 的值为(　　).

  A. $\sqrt{5}$ B. $-\sqrt{5}$ C. 15 D. $\sqrt{3}$

6. 设 $f(x)$ 的反函数为 $f^{-1}(x)$,$f^{-1}(x)=3x+2$,则 $f^{-1}(3)=$ _____ ,$f(3)=$

_____ .

7. 若点 $(1,2)$ 既在函数 $f(x)=\sqrt{ax+b}$ 的图像上,又在函数 $f(x)$ 的反函数 $f^{-1}(x)$ 的图像上,则 $a=$ _____ ,$b=$ _____ .

8. 求下列函数的反函数:

(1) $y=\dfrac{2}{x+2}(x\in\mathbf{R}$ 且 $x\neq-2)$;

(2) $y=x^2+2x-1,x\in[1,2]$;

(3) $y=-\sqrt{x^2-1},(x\geqslant1)$.

9. 函数 $y=\dfrac{ax+b}{x+c}(x\in\mathbf{R}$ 且 $x\neq-c)$ 的反函数为 $y=\dfrac{3x-1}{x+2}$,求 a,b,c 的值.

二、综合运用

10. 函数 $y=f(x)$ 和 $y=g(x)$ 互为反函数,则(　　).

A. $f(x)=g(x)$ B. $f(x)=g(-x)$

C. $f(x)=g^{-1}(x)$ D. $f(x)=-g(-x)$

11. 在下列区间中,使 $y=5|x|-1$ 不存在反函数的区间是(   ).

    A. $(-\infty,0]$ B. $[0,+\infty)$ C. $[-5,-1]$ D. $[-2,7]$

3.5   函数的应用

利用函数模型和性质来解决日常生活中的一些问题.

一、基础训练

1. 某商品进货价每件 50 元,据市场调查,当销售价格(每件 x 元)在 $50 \leqslant x \leqslant 80$ 时,每天售出的件数 $p=\dfrac{10^5}{(x-40)^2}$,若想每天获得的利润最多,销售价格每件为(   ).

    A. 50   B. 60   C. 70   D. 80

2. 某工厂八年来某种产品总产量 C 与时间 t(年)的函数关系如图所示,下列四种说法:

    (1) 前三年中产量增长的速度越来越快;

    (2) 前三年中产量增长的速度越来越慢;

    (3) 三年后,这种产品停止生产了;

    (4) 第三年后,年产量保持不变.

其中正确的是(   ).

第 2 题图

    A. (1)(3)(4)   B. (2)(3)(4)   C. (2)(3)   D. (1)(2)(3)(4)

3. 用清水漂洗衣服,假定每次能洗去污垢的 $\dfrac{3}{4}$,若要使存留的污垢不超过原有的 1%,则至少要漂洗(   ).

    A. 3 次   B. 4 次   C. 5 次   D. 6 次

4. 有一块长为 20 cm,宽为 12 cm 的矩形铁皮,将其四个角各截去一个边长为 x 的小正方形,然后折成一个无盖的盒子,写出这个盒子的体积 V 与边长 x 的函数关系式,并讨论这个函数的定义域.

5. 某厂生产一种新型的电子产品,为此更新专用设备和请专家设计共花去了 200000 元,生产每件电子产品的直接成本为 300 元,每件电子产品的售价为 500 元,产量 x 对总成本 C、单位成本 P、销售收入 R 以及利润 L 之间存在什么样的函数关系?

6. 纳税是每个公民应尽的义务,从事经营活动的有关部门必须向政府税务部门缴纳一定的营业税.某地区税务部门对餐饮业的征收标准如下表

每月的营业额	征税情况
1000 元以下(包括 1000 元)	300 元
超过 1000 元	1000 元以下(包括 1000 元)部分征收 300 元,超过部分的税率为 4%

(1) 写出每月征收的税金 y(元)与营业额 x(元)之间的函数关系式;

(2) 某饭店 5 月份的营业额是 35000 元,这个月该饭店应缴纳税金多少?

7. WAP 手机上网每月使用量在 500 分钟以下(包括 500 分钟)按 30 元计费,超过 500 分钟按 0.15 元/分钟计费.假如上网时间过短,在 1 分钟以下不计费,1 分钟以上(包括 1 分钟)按 0.5 元/分钟计费.WAP 手机上网不收通话费和漫游费.

(1) 小周 12 月份用 WAP 手机上网 20 小时,要付多少上网费?

(2) 小周 10 月份付了 90 元上网费,那么他这个月用手机上网多少小时?

(3) 你会选择 WAP 手机上网吗? 你是用哪一种方式上网的?

二、综合运用

8. 某房地产开发公司计划建 A、B 两种户型的住房共 80 套,该公司所筹资金不少于 2090 万元,但不超过 2096 万元,且所筹资金全部用于建房,两种户型的建房成本和售价如下表:

（1）该公司对这两种户型住房有哪几种建房方案？

（2）该公司如何建房获得利润最大？

（3）根据市场调查，每套 B 型住房的售价不会改变，每套 A 型住房的售价将会提高 a 万元（$a>0$），且所建的两种住房可全部售出.该公司又将如何建房获得利润最大？（注：利润＝售价－成本）

	A	B
成本(万元/套)	25	28
售价(万元/套)	30	34

9. 通过研究学生的学习行为，专家发现，学生的注意力随着老师讲课时间的变化而变化，讲课开始时，学生的兴趣激增；中间有一段时间，学生的兴趣保持较理想的状态，随后学生的注意力开始分散，设 $f(t)$ 表示学生注意力随时间 t（分钟）的变化规律（$f(t)$ 越大，表明学生注意力越大），经过实验分析得知：

$$f(t)=\begin{cases} -t^2+24t+100, & 0<t\leqslant10 \\ 240, & 10<t\leqslant20 \\ -7t+380, & 20<t\leqslant40 \end{cases},$$

（1）讲课开始后多少分钟，学生的注意力最集中？能坚持多少分钟？

（2）讲课开始后 5 分钟与讲课开始后 25 分钟比较，何时学生的注意力更集中？

（3）一道数学难题，需要讲解 24 分钟，并且要求学生的注意力至少达到 180，那么经过适当安排，老师能否在学生达到所需的状态下讲授完这道题目？

第三章 综合测试题

一、选择题（每题 4 分，共 36 分）

1. 已知集合 A 到 B 的映射 $f:x \rightarrow y=2x+1$，那么集合 A 中元素 2 在 B 中对应的元素是（ ）.

   A. 2   B. 5   C. 6   D. 8

2. 函数 $y=\sqrt{2x-1}$ 的定义域是（ ）.

   A. $\left(\frac{1}{2},+\infty\right)$ B. $\left[\frac{1}{2},+\infty\right)$ C. $\left(-\infty,\frac{1}{2}\right)$ D. $\left(-\infty,\frac{1}{2}\right]$

3. 下列各组函数中，表示同一函数的是（ ）.

   A. $y=x^0,y=\frac{x}{x}$ B. $y=\sqrt{x-1}\times\sqrt{x+1},y=\sqrt{x^2-1}$

   C. $y=x,y=\sqrt{x^2}$ D. $y=|x|,y=(\sqrt{x})^2$

4. 下列函数是偶函数的是（ ）.

   A. $y=x$ B. $y=2x^2-3$ C. $y=\sqrt{x}$ D. $y=x^2,x\in[0,1]$

5. 设集合 $M=\{x|-2\leqslant x\leqslant 2\}$，$N=\{y|0\leqslant y\leqslant 2\}$，给出下列四个图形，其中能表示以集合 M 为定义域，N 为值域的函数关系的是（ ）.

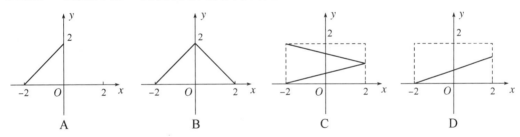

6. 函数 $y=x^2-6x$ 的减区间是（ ）.

   A. $(-\infty,2]$ B. $[2,+\infty)$ C. $(-\infty,3]$ D. $[3,+\infty)$

7. 已知 $f(x)=g(x)+2$，且 $g(x)$ 为奇函数，若 $f(2)=3$，则 $f(-2)=$（ ）.

   A. 0   B. -3 C. 1   D. 3

8. 已知 $f(x)=\begin{cases}x^2 & x>0\\ \pi & x=0\\ 0 & x<0\end{cases}$，则 $f[f(-3)]$ 等于（ ）.

   A. 0   B. π C. π^2 D. 9

9. 若奇函数 $f(x)$ 在 $[1,3]$ 上为增函数，且有最小值 0，则它在 $[-3,-1]$ 上（ ）.

   A. 是减函数，有最小值 0   B. 是增函数，有最小值 0

   C. 是减函数，有最大值 0   D. 是增函数，有最大值 0

二、填空题（每题 5 分，共 30 分）

10. 已知 $f(x)=\begin{cases}x+5(x>1)\\ 2x^2+1(x\leqslant 1)\end{cases}$，则 $f[f(1)]=$ _____.

11. 已知 $f(x-1)=x^2$,则 $f(x)=$ _____.

12. $f(x)=x^2+2x+1,x\in[-2,2]$ 的值域是 _____.

13. 函数 $y=x+\sqrt{1-x}$ 的最大值是 _____.

14. 定义在 **R** 上的奇函数 $f(x)$,当 $x>0$ 时,$f(x)=2$;则奇函数 $f(x)$ 的值域是 _____.

15. 已知函数 $f(2x)$ 的定义域为 $[0,2]$,则 $f(5-3x)$ 的定义域是 _____.

三、解答题(16、17 题每题 8 分,18、19 题每题 9 分,共 34 分)

16. 求函数 $y=\dfrac{2}{x-1}$ 在区间 $[2,6]$ 上的最大值和最小值.

17. 已知函数 $f(x)=x+\dfrac{1}{x}$.

(1) 判断函数的奇偶性,并加以证明;

(2) 用定义证明 $f(x)$ 在 $(0,1)$ 上是减函数;

(3) 函数 $f(x)$ 在 $(-1,0)$ 上是单调增函数还是单调减函数?(直接写出答案,不要求写证明过程).

18. 已知函数 $f(x)$ 是定义在 **R** 上的偶函数,且当 $x \leqslant 0$ 时,$f(x) = x^2 + 2x$.

(1) 现已画出函数 $f(x)$ 在 y 轴左侧的图像,如图所示,请补出函数 $f(x)$ 在 y 轴右侧的图像,并根据图像写出函数 $f(x)$ 的增区间;

(2) 写出函数 $f(x)$ 的解析式和值域.

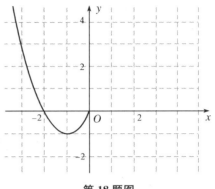

第 18 题图

19. 已知函数 $f(x) = \dfrac{x^2}{1+x^2}$,$x \in$ **R**.

(1) 求 $f(x) + f\left(\dfrac{1}{x}\right)$ 的值;

(2) 计算 $f(1) + f(2) + f(3) + f(4) + f\left(\dfrac{1}{2}\right) + f\left(\dfrac{1}{3}\right) + f\left(\dfrac{1}{4}\right)$.

第四章　基本初等函数

4.1　指数函数

4.1.1　指数与指数幂的运算

知识要点表解 ▶

　　分数指数幂与根式是初中已学过的整数指数幂及平方根、立方根概念与性质的延伸与推广.本节主要是理解分数指数幂、根式的概念、性质以及利用指数的运算性质进行指数运算.

名　称	定　义	定义表达式	性　质
根式	如果 $x^n=a(n>1,n\in \mathbf{N}_+)$,则 x 叫作 a 的 n 次方根	$(\sqrt[n]{a})^n=a,n$ 为奇数 $\sqrt[n]{a^n}=\|a\|$ $=\begin{cases}a,(a\geqslant 0)\\-a,(a<0)\end{cases},n$ 为偶数	1. 负数没有偶次方根; 2. 零的任何次方根都是零
分数指数幂	如果 $a^{\frac{m}{n}}=\sqrt[n]{a^m}$,$(a>0,m$、$n\in \mathbf{N}^+,n>1)$,则 $\sqrt[n]{a^m}$ 叫作 a 的分数指数幂	$a^{\frac{m}{n}}=\sqrt[n]{a^m}$ $a^{-\frac{m}{n}}=\dfrac{1}{a^{\frac{m}{n}}}$	$a^m\cdot a^n=a^{m+n}$ $(a^m)^n=a^{mn}$ $(ab)^n=a^n\cdot b^n$ $\left(\dfrac{a}{b}\right)^n=\dfrac{a^n}{b^n}$

　　在理解分数指数幂与根式的概念与性质的基础上,要熟练 n 次方根的运算方法,正确进行分数指数幂与根式的互化.

方法主线导析 ▶

- **学法建议**

　　本节的重点是对分数指数幂概念的理解和运用性质进行运算的方法.利用分数指数幂进行运算,其顺序是先把根式化为分数指数幂,再根据幂的运算法则进行运算;在根式的化简中,要切实理解好和熟练运用两组等式:(1) $(\sqrt[n]{a})^n=a,n\in \mathbf{N}_+$;(2)当 n 为奇数时,

$\sqrt[n]{a^n}=a$；当 n 为偶数时，$\sqrt[n]{a^n}=|a|=\begin{cases}a,(a\geqslant0)\\-a,(a<0)\end{cases}$.

• 释疑解难

1. 如何进行根式的运算？

答：在进行根式的运算前或运算后，必须把原式或结果化成最简根式，根式的运算法则是：

（1）根式的加减法是把各根式化成最简根式，再合并同类根式；

（2）根式的乘除法是把各根式化成同次根式，再应用性质；

（3）根式的乘方是应用 $(\sqrt[n]{a})^m=\sqrt[n]{a^m}$ 进行运算；

（4）根式的开方是应用 $\sqrt[m]{\sqrt[n]{a}}=\sqrt[n\cdot m]{a}$ 进行运算.

2. 在 $a^n,n\in\mathbf{Q}$ 中，有哪些重要规定？

答：有三个重要规定：（1）零指数 $a^0=1(a\neq0)$；（2）负整数指数 $a^{-s}=\dfrac{1}{a^s}(s>0,a\neq0)$；

（3）分数指数：$a^{\frac{m}{n}}=\sqrt[n]{a^m}(a\geqslant0)$，其中当 $a<0,m$ 为奇数，n 为偶数时没有意义；$a^{-\frac{m}{n}}=\dfrac{1}{a^{\frac{m}{n}}}$

$(a>0)$，其中当 $a<0,m$ 为奇数，n 为偶数时没有意义.

3. $a^n,n\in\mathbf{Z}^+$ 与 $a^m,m\in\mathbf{Q}$ 的本质区别是什么？

答：$a^n,n\in\mathbf{Z}^+$ 表示有 n 个相同的 a 相乘；而 $a^m,m\in\mathbf{Q}$ 不表示相同因式的乘积，而是根式的一种新的写法.

能力层面训练 ▶

一、基础训练

1. $9^{\frac{1}{2}}$ 化简的结果为（　　）.

 A. ±3 B. 3 C. -3 D. $\dfrac{9}{2}$

2. $0.125^{\frac{1}{3}}$ 化简的结果为（　　）.

 A. 0.5 B. 0.05 C. 1.5 D. 0.005

3. 化简 $\left(\dfrac{1}{2}\right)^{-1}$ 的结果为（　　）.

 A. 1 B. 2 C. $\dfrac{1}{4}$ D. 0.5

4. $3^{-2}\times81^{\frac{3}{4}}$ 的计算结果为（　　）.

 A. 3 B. 9 C. $\dfrac{1}{3}$ D. 1

5. 将 $a^{\frac{4}{5}}$ 写成根式的形式可以表示为（　　）.

 A. $\sqrt[4]{a}$ B. $\sqrt[5]{a}$ C. $\sqrt[5]{a^4}$ D. $\sqrt[4]{a^5}$

6. $0^{2010}+2010^0=$ _____ .

7. $a^1 \times a^2 \times a^3 \times a^4$ 的化简结果为 _____ .

8. 将 $a^{\frac{2}{5}}$ 写成根式的形式为(   ).

    A. $\sqrt[4]{a^5}$ B. $\sqrt[5]{a}$ C. $\sqrt[5]{a^2}$ D. $\sqrt[4]{a^5}$

9. 将下列根式写成分数指数幂的形式:

(1) $\sqrt[5]{a^6}$;   (2) $\dfrac{1}{\sqrt[7]{a^4}}$;   (3) $\dfrac{1}{\sqrt[4]{a^3}}$.

10. 计算下列各式的值:

(1) $3^{-2} \times 81^{\frac{3}{4}} \times 2000^0$;   (2) $(0.027)^{\frac{1}{3}}-\left(6\frac{1}{4}\right)^{\frac{1}{2}}+(2\sqrt{2})^{-\frac{2}{3}}+\pi^0-3^{-1}$;

(3) $2^0-2^{-2}+\left(-\dfrac{1}{2}\right)^2+(-0.25)^{10} \times 4^{10}$;   (4) $\sqrt{3} \times \sqrt[3]{9} \times \sqrt[4]{27}$.

二、综合运用

11. $\left(\sqrt[3]{\sqrt[6]{a^9}}\right)^4 \left(\sqrt[6]{\sqrt[3]{a^9}}\right)^4$ 等于(   ).

    A. a^{16} B. a^8 C. a^4 D. a^2

12. 若 $3^a=8, 3^b=5$,则 $3^{\frac{a}{3}-2b}=$ (   ).

    A. 5   B. 2/25   C. 40   D. 1

13. 下列各式中,正确的是(   ).

    A. $-\sqrt{a}=(-a)^{\frac{1}{2}}$ B. $a^{-\frac{1}{3}}=-\sqrt[3]{a}$

    C. $\sqrt{a^2}=-a(a<0)$ D. $\left(\dfrac{a}{b}\right)^{\frac{3}{4}}=\sqrt[3]{\left(\dfrac{a}{b}\right)^4}\ (a、b\neq 0)$

14. 化简 $\left[\sqrt[3]{(-5)^2}\right]^{\frac{3}{4}}$ 的结果为(   ).

    A. 5   B. $\sqrt{5}$ C. $-\sqrt{5}$ D. -5

15. 将 $\sqrt[3]{-2\sqrt{2}}$ 化为分数指数幂的形式为 (   ).

    A. $-2^{\frac{1}{2}}$ B. $-2^{\frac{1}{3}}$ C. $-2^{\frac{1}{2}}$ D. $-2^{\frac{5}{6}}$

16. 化简 $(1+2^{-\frac{1}{32}})(1+2^{-\frac{1}{16}})(1+2^{-\frac{1}{8}})(1+2^{-\frac{1}{4}})(1+2^{-\frac{1}{2}})$.

4.1.2　指数函数

知识要点表解 ▶

指数函数是预科阶段所要学习的最基本的初等函数.本节是在指数范围从有理数扩充到实数的基础上来研究的,主要学习指数函数的概念、性质、图像特征及其应用.

一般地,函数 $y=a^x(a>0$ 且 $a\neq1)$叫作指数函数,其中 x 是自变量,函数定义域是 R.指数函数 $y=a^x$ 在底数 $a>1$ 及 $0<a<1$ 这两种情况下的图像和性质如下:

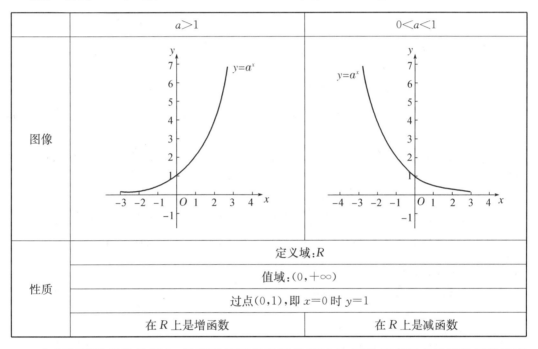

	$a>1$	$0<a<1$
图像		
性质	定义域:R	
	值域:$(0,+\infty)$	
	过点$(0,1)$,即 $x=0$ 时 $y=1$	
	在 R 上是增函数	在 R 上是减函数

在理解指数函数的概念、性质及其图像特征的基础上,要熟练求解有关指数函数的定义域、值域,能正确描绘其函数的图像,能应用指数函数的性质判断指数函数值的大小与函数单调性等变化情况.

方法主线导析 ▶

• **学法建议**

本节的重点是指数函数的性质、图像特征及其应用.在理解指数函数的概念、性质及其图像特征的基础上,要充分应用函数思想,即运用运动变化的观点进行变化的思想,它包括参数思想、集合思想、数形结合思想,使有关指数函数的问题得到简明、迅速的解决.

● **释疑解难**

1. 什么样的函数是指数函数?

(1) 指数函数的形式为 $y=a^x$,注意其形式的特点,指数幂只有 1 项,幂前的系数为 1,指数只有 1 项.

(2) 要能够区别指数函数与幂函数(本章 4.3 节的内容).指数函数的自变量在指数部分,底为常数;幂函数的自变量在底数部分,指数为常数.

2. 在指数函数中为什么要规定 $a>0$ 且 $a\neq1$?

答:因为若 $a=0$,则① 当 $x>0$ 时,a^x 恒等于 0,② 当 $x<0$ 时,a^x 无意义;若 $a<0$ 时,如 $y=(-9)^x$,这时对于 $x=\dfrac{1}{2},\dfrac{3}{4},\cdots$ 在实数范围内函数值不存在;若 $a=1$,$y=1^x=1$ 为常数,它就没有研究的必要,所以为了避免上述各种情况,我们规定 $a>0$ 且 $a\neq1$.

3. 如何比较两个指数的大小?

比较指数的大小,利用指数函数的单调性判断:

(1) 底数 a 相同:① $a>1$,则指数大的整个指数幂大,② $0<a<1$,则指数大的整个指数幂小.

(2) 底数 a 不同:① 化为底数相同的指数幂,然后去比较大小;② 利用中间数 0、1 等比较大小.

4. 如何解指数型的方程或者不等式?

首先,将方程或者不等式两边化成同底的指数,然后再利用函数的单调性求解:

① $a>1$,则整个指数幂大的指数大;② $0<a<1$,则整个指数幂大的指数小.

能力层面训练 ▶

一、基础训练

1. 下列函数中,是指数函数的是(   ).

   A. $y=2\cdot3^x$　　　　B. $y=2^{-x}$　　　　C. $y=x^3$　　　　D. $y=2^{x+1}$

2. 下列函数中,在 $(-\infty,+\infty)$ 内是减函数的是(   ).

   A. $y=2^x$　　　　B. $y=3^x$　　　　C. $y=\left(\dfrac{1}{2}\right)^x$　　　　D. $y=10^x$

3. 设 $y_1=4^{0.9}$,$y_2=8^{0.48}$,$y_3=\left(\dfrac{1}{2}\right)^{-1.5}$,则 y_1,y_2,y_3 的大小关系是(   ).

   A. $y_1>y_2>y_3$　　　B. $y_1>y_3>y_2$　　　C. $y_2>y_3>y_1$　　　D. $y_2>y_1>y_3$

4. 已知 $c<0$,则下列不等式中成立的一个是(   ).

   A. $c>2^c$　　　　B. $c>\left(\dfrac{1}{2}\right)^c$　　　　C. $2^c<\left(\dfrac{1}{2}\right)^c$　　　　D. $2^c>\left(\dfrac{1}{2}\right)^c$

5. 函数 $y=a^{|x|}$($a>1$)的图像是(   ).

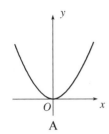 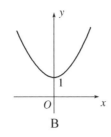 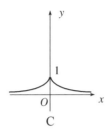 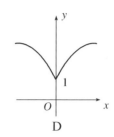

A   B   C   D

6. 下列函数中，值域为$(0,+\infty)$的函数是（　　）.

 A. $y=2^{\frac{1}{x}}$ B. $y=\sqrt{2^x-1}$ C. $y=\sqrt{2^x+1}$ D. $y=\left(\dfrac{1}{2}\right)^{2-x}$

7. 设函数 $f(x)=a^{-|x|}$（$a>0$ 且 $a\neq1$），且 $f(2)=4$，则（　　）.

 A. $f(-2)>f(-1)$ B. $f(-1)>f(-2)$

 C. $f(1)>f(2)$ D. $f(-2)>f(2)$

8. 把函数 $y=f(x)$ 的图像向左、向下分别平移 2 个单位，得到函数 $y=2^x$ 的图像，则（　　）.

 A. $f(x)=2^{x+2}+2$ B. $f(x)=2^{x+2}-2$

 C. $f(x)=2^{x-2}+2$ D. $f(x)=2^{x-2}-2$

9. 函数 $y=5^{\sqrt{2-x}}$ 的定义域是＿＿＿＿＿＿＿＿.

10. 当 $a>0$ 且 $a\neq1$ 时，函数 $f(x)=a^{x-2}-3$ 必过定点＿＿＿＿＿＿.

11. 解方程：$\left(\dfrac{3}{4}\right)^{2x+1}=\left(\dfrac{4}{3}\right)^{3x-4}$.

12. 求解不等式：(1) $\left(\dfrac{2}{3}\right)^{3x^2+2}<\left(\dfrac{2}{3}\right)^{x^2+4}$；(2) $2^{|x+1|}>8$.

二、综合运用

13. 函数 $f(x)=(a^2-1)^x$ 在 R 上是减函数，则 a 的取值范围是（　　）.

 A. $|a|>1$ B. $|a|<2$ C. $a<\sqrt{2}$ D. $1<|a|<\sqrt{2}$

14. 函数 $f(x)=a^x$ 与 $g(x)=ax-a$ 的图像大致是（　　）.

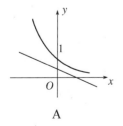 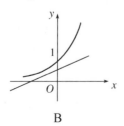 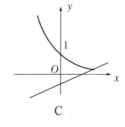 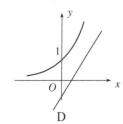

A   B   C   D

15. 若 $2^{3-2x}<(0.5)^{3x^2-4}$,则 x 的取值范围是_____.

16. 求函数 $y=\sqrt{1-6^{x^2+x-2}}$ 的定义域.

17. 已知 $x\in[-3,2]$,求 $f(x)=\dfrac{1}{4^x}-\dfrac{1}{2^x}$ 的最小值与最大值.

4.2 对数函数

4.2.1 对数与对数运算

知识要点表解 ▶

"对数源出于指数",它使繁琐的计算简单化、迅速化,对数的性质和运算法则,是对数解题的依据和工具,可大大简化复杂的运算步骤.本节主要学习对数的定义、性质和运算法则.

定义	对数恒等式	对数与指数的关系				对数性质	运算法则
		名称	a	b	N		
如果 $a^b=N(a>0,a\neq1)$,则 b 叫作以 a 为底 N 的对数,记作 $b=\log_a N$	$\log_a a^b=b$ $a^{\log_a N}=N$ 其中 $a>0,a\neq1,N>0$	指数式 $a^b=N$	底数	指数	幂	1. 负数和零没有对数 2. $\log_a 1=0$ 3. $\log_a a=1$	$\log_a(MN)=\log_a M+\log_a N$ $\log_a\dfrac{M}{N}=\log_a M+\log_a N$ $\log_a M^n=n\log_a M$
		对数式 $b=\log_a N$	底数	对数	真数		

在理解对数概念的基础上,明确指数式与对数式的互化方法,掌握对数的性质与运算法则,并能熟练地应用这些知识进行对数的计算、化简、证明.

方法主线导析 ▶

• **学法建议**

本节的重点是对数的定义,掌握指数式与对数式的互化方法,要充分注意对数式中字母的限制条件及其由来,要特别注意零和负数没有对数,要了解对数恒等式的用法.

理解对数的性质与运算法则要同指数的定义、性质与运算法则联系起来,在应用运算法则时要注意其形式及适用的条件.

• **释疑解难**

1. 对数式 $b=\log_a N$ 与指数式 $a^b=N$ 互化的依据是什么?

答:依据是由对数的定义,可以把 $a^b=N$ 写成 $b=\log_a N$,从而为对数的计算、化简、证明等问题开辟了广阔的前景和提供了更多的解题途径.

2. 对数运算法则的实质是什么?

答:实质是可以把乘、除、乘方、开方的对数运算转化为对数的加、减、乘、除运算,从而降低了运算难度,加快了运算速度,简化了计算的方法.

3. 运用对数运算的四个法则时应注意什么?

答:四个运算法则只有当 $M>0$,$N>0$,$a>0$ 且 $a\neq 1$ 是才有意义.

如 $\log_a 20=\log_a[(-4)\times(-5)]$ 是成立的,但 $\log_a[(-4)(-5)]=\log_a(-4)+\log_a(-5)$ 就不成立,因为 $\log_a(-4)$,$\log_a(-5)$ 无意义.

能力层面训练 ▶

一、基础训练

1. 将指数 $3^2=9$ 化成对数式为( ).

　　A. $3=\log_2 9$　　　B. $2=\log_3 9$　　　C. $2=\log_9 3$　　　D. $3=\log_9 2$

2. 将对数 $\log_2 8=3$ 化成指数式为( ).

　　A. $3=2^8$　　　B. $8=3^2$　　　C. $3=8^2$　　　D. $8=2^3$

3. 下列指数式与对数式互化不正确的一组是( ).

　　A. $10^0=1$ 与 $\lg 1=0$　　　　　　B. $27^{-\frac{1}{3}}=\frac{1}{3}$ 与 $\log_{27}\frac{1}{3}=-\frac{1}{3}$

　　C. $\log_3\frac{1}{2}=9$ 与 $9^{\frac{1}{2}}=3$　　　D. $\log_5 5=1$ 与 $5^1=5$

4. 对于 $a>0$ 且 $a\neq 1$,下列说法正确的是( ).

① 若 $M=N$,则 $\log_a M=\log_a N$;② 若 $\log_a M=\log_a N$,则 $M=N$;

③ 若 $\log_a M^2=\log_a N^2$,则 $M=N$;④ 若 $M=N$,则 $\log_a M^2=\log_a N^2$.

　　A. ①③　　　B. ②④　　　C. ②　　　D. ①②③④

5. 计算 $2\log_5 25+3\log_2 64-8\log_7 1$ 的值为( ).

A. 14　　　　　　B. 220　　　　　　C. 8　　　　　　D. 22

6. 在 $b = \log_{a-2}(5-a)$ 中,实数 a 的取值范围是(　　).

　A. $a > 5$ 或 $a < 2$　　　　　　　B. $2 < a < 5$

　C. $2 < a < 3$ 或 $3 < a < 5$　　　　D. $3 < a < 4$

7. 设 $5^{\lg x} = 25$,则 x 的值等于(　　).

　A. 10　　　　　　B. ± 10　　　　　　C. 100　　　　　　D. ± 100

8. $\log_6[\log_4(\log_3 81)] = $＿＿＿＿＿＿＿＿.

9. 计算:$\lg 8 + 3\lg 5 = $＿＿＿＿＿＿＿＿.

10. 已知 $\log_5 2 = a$,则 $2\log_5 10 + \log_5 0.5 = $＿＿＿＿＿＿＿＿.

11. 计算下列各式的值:

(1) $2\log_5 25 + 3\log_2 64 - 81\log_7 1$;

(2) $\dfrac{\lg 243}{\lg 9}$;

(3) $\lg 14 - 2\lg \dfrac{7}{3} + \lg 7 - \lg 18$;

(4) $5^{1-\log_{0.2} 3}$.

二、综合运用

12. $2\log_a(M-2N) = \log_a M + \log_a N$,则 $\dfrac{M}{N}$ 的值为(　　).

　A. $\dfrac{1}{4}$　　　　　　B. 4　　　　　　C. 1　　　　　　D. 4 或 1

13. 求下列各式中的 x 值:

(1) $\log_x 27 = \dfrac{3}{2}$;

(2) $\log_x 4 = -\dfrac{2}{3}$;

(3) $\log_x(3+2\sqrt{2}) = -2$;

(4) $\log_5(\log_2 x) = 0$;

(5) $x = \log_{27} \dfrac{1}{9}$;

(6) $x = \log_{\frac{1}{2}} 16$.

4.2.2 对数函数

知识要点表解 ▶

对数函数是指数函数的反函数,是重要的基本初等函数. 本节在学习对数的概念、性质及其运算法则的基础上,主要学习对数函数的定义、性质、图像特征及其应用.

定　义	性　质		图像特征
	$a > 1$	$0 < a < 1$	
形如 $y = \log_a x$($a > 0$ 且 $a \neq 1$)的函数叫对数函数	1. 定义域为$(0, +\infty)$ 值域为 R 2. 当 $x = 1$ 时,$y = 0$ 3. 当 $x > 1$ 时,$y > 0$, 当 $0 < x < 1$ 时,$y < 0$ 4. 在$(-\infty, +\infty)$上 是增函数	1. 定义域为$(0, +\infty)$ 值域为 R 2. 当 $x = 1$ 时,$y = 0$ 3. 当 $x > 1$ 时,$y < 0$, 当 $0 < x < 1$ 时,$y > 0$ 4. 在$(-\infty, +\infty)$上 是减函数	

在理解对数函数的概念、性质及其图像特征的基础上,要熟练求解有关对数函数的定义域、值域,能正确描绘其函数的图像,能应用对数函数的性质判断对数函数的值的大小与函数单调性等变化情况.

方法主线导析 ▶

• 学法建议

本节的重点是掌握对数函数的性质、图像特征及其应用,要抓住对数函数与指数函数是互为反函数的特征,解题时不断对照、比较、转化,还要能应用变换的思想、集合的思想、数形结合思想等数学思想,针对性地正确解决有关问题,要在理解对数函数性质及其图像的基础上熟记以上所列表,以便运用自如.

• 释疑解难

为什么在定义对数函数 $y = \log_a x$ 时要规定 $a > 0$ 且 $a \neq 1$?

答:因为对数函数与指数函数是互为反函数,所以要根据互为反函数的两个函数的图像关于直线 $y=x$ 对称的关系,它们的定义域与值域正好交换,对应法则是互逆的这些特征.我们已理解指数函数 $y=a^x$ 中 $a>0$ 且 $a\neq1$,所以对数函数 $y=\log_a x$ 中也必须 $a>0$ 且 $a\neq1$.

能力层面训练

一、基础训练

1. 函数 $f(x)=\lg(x-1)+\sqrt{4-x}$ 的定义域为(   ).

    A. $(1,4]$ B. $(1,4)$ C. $[1,4]$ D. $[1,4)$

2. 函数 $y=\log_2 x$ 在 $[1,2]$ 上的值域是(   ).

    A. R B. $[0,+\infty)$ C. $(-\infty,1]$ D. $[0,1]$

3. 函数 $y=\log_a(x+2)+3(a>0$ 且 $a\neq1)$ 的图像过定点(   ).

    A. $(1,4)$ B. $(-1,4)$ C. $(2,3)$ D. $(-1,3)$

4. 将函数 $y=\log_2 x$ 的图像向左平移 3 个单位,得到图像 C_1,再将 C_1 向上平移 2 个单位得到图像 C_2,则 C_2 的解析式为(   ).

    A. $y=2+\log_2(x-3)$ B. $y=-2+\log_2(x+3)$

    C. $y=2+\log_2(x+3)$ D. $y=-2+\log_2(x-3)$

5. 下列各组函数中,表示同一函数的是(   ).

    A. $y=\sqrt{x^2}$ 和 $y=(\sqrt{x})^2$ B. $|y|=|x|$ 和 $y^3=x^3$

    C. $y=\log_a x^2$ 和 $y=2\log_a x$ D. $y=x$ 和 $y=\log_a a^x$

6. 比较大小.

(1) $\log_{\frac{1}{3}}0.7$ _____ $\log_{\frac{1}{3}}0.8$;   (2) $\log_8 \pi$ _____ $\log_8 3$;

(3) $\log_{0.6}\frac{1}{4}$ _____ $\log_{0.8}3$;   (4) $\log_6 7$ _____ $\log_7 6$.

7. 数 $6^{0.7},0.7^6,\log_{0.7}6$ 的大小关系为 _____.

8. 求下列函数的定义域:

(1) $y=\log_2(x^2-4x-5)$;   (2) $y=\sqrt{\log_{0.5}(4x-3)}$.

9. 已知 $\log_{0.7}(2m)<\log_{0.7}(m-1)$,求 m 的取值范围.

二、综合运用

10. 函数 $y=\log_{\frac{1}{2}}[(1-x)(x+3)]$ 的一个递增区间是( ).

    A. $(-1,1)$ B. $(-\infty,-1)$ C. $(-\infty,-3)$ D. $(1,+\infty)$

11. 若函数 $y=\log_2(kx^2+4kx+3)$ 的定义域为 $\mathbf{R}$,则 k 的取值范围是( ).

    A. $0<k<\frac{3}{4}$ B. $0\leqslant k<\frac{3}{2}$ C. $0\leqslant k<\frac{3}{4}$ D. $0<k<\frac{3}{2}$

12. 若 $\log_a(\pi-3)<\log_b(\pi-3)<0(a>0,a\neq1,b>0,b\neq1)$,则 a、b、1 的大小关系为

_____.

13. 已知 $\log_a(3a-1)$ 恒为正数,求 a 的取值范围.

14. 解不等式:$\left(\dfrac{1}{3}\right)^{\log_2(x^2-3x-4)}>\left(\dfrac{1}{3}\right)^{\log_2(2x+10)}$.

4.3 幂函数

知识要点 ▶

1. **幂函数概念**

形如 $y=x^n(n\in\mathbf{R})$ 的函数,叫作幂函数,其中 n 为常数.

2. **特殊幂函数的图像**

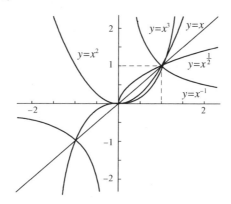

3．幂函数的性质

（1）图像分布：幂函数图像分布在第一、二、三象限，第四象限无图像．幂函数是偶函数时，图像分布在第一、二象限（图像关于 y 轴对称）；幂函数是奇函数时，图像分布在第一、三象限（图像关于原点对称）；幂函数是非奇非偶函数时，图像只分布在第一象限．

（2）过定点：所有的幂函数在 $(0,+\infty)$ 都有定义，并且图像都通过点 $(1,1)$．

（3）单调性：如果 $n>0$，则幂函数的图像过原点，并且在 $[0,+\infty)$ 上为增函数．如果 $n<0$，则幂函数的图像在 $(0,+\infty)$ 上为减函数，在第一象限内，图像无限接近 x 轴与 y 轴．

能力层面训练 ▶

一、基础训练

1．下列函数是幂函数的是（　　）．

  A．$y=2^x$ B．$y=2x^{-1}$ C．$y=(x+1)^2$ D．$y=\sqrt[3]{x^2}$

2．下列幂函数中，定义域为 R 的是（　　）．

  A．$y=x^{-2}$ B．$y=x^{\frac{1}{2}}$ C．$y=x^{\frac{1}{3}}$ D．$y=x^{-\frac{1}{2}}$

3．下列说法正确的是（　　）．

  A．$y=x^4$ 是幂函数，也是偶函数   B．$y=-x^3$ 是幂函数，也是减函数

  C．$y=\sqrt{x}$ 是增函数，也是偶函数   D．$y=x^0$ 不是偶函数

4．若 $A=2^{0.7}$，$B=(1/3)^{-0.7}$，则 A、B 的大小关系是（　　）．

  A．$A>B$ B．$A<B$ C．$A^2>B^3$ D．不确定

5．下列命题：

① 幂函数的图像都经过点 $(1,1)$ 和点 $(0,0)$；② 幂函数的图像不可能在第四象限；

③ $n=0$ 时 $y=x^n$ 的图像是一条直线；④ 幂函数 $y=x^n$，当 $n>0$ 时，是增函数；

⑤ 幂函数 $y=x^n$，当 $n<0$ 时，在第一象限内函数值随 x 值的增大而减小．

其中正确的是（　　）．

  A．①和④   B．④和⑤   C．②和③   D．②和⑤

6．幂函数 $f(x)$ 的图像经过点 $\left(2,\dfrac{1}{4}\right)$，则 $f\left(\dfrac{1}{2}\right)$ 的值为 ＿＿＿＿＿＿＿＿．

7．（1）幂函数 $y=x^{-1}$ 的定义域为 ＿＿＿＿＿＿＿＿．

（2）幂函数 $y=x^{-2}$ 的定义域为 ＿＿＿＿＿＿＿＿．

（3）幂函数 $y=x^{\frac{1}{2}}$ 的定义域为 ＿＿＿＿＿＿＿＿．

8．$y=(m^2-2m+2)x^{2m+1}$ 是一个幂函数，则 $m=$ ＿＿＿＿＿＿＿＿．

9．$y=\sqrt{x}$ 的单调增区间为 ＿＿＿＿＿＿＿＿．

10．在函数① $y=x^3$；② $y=x^2$；③ $y=x^{-1}$；④ $y=\sqrt{x}$ 中，定义域和值域相同的是 ＿＿＿＿＿＿＿＿．

11．已知 $x^{-\frac{2}{3}}=4$，则 $x=$ ＿＿＿＿＿＿＿＿．

12. 证明：$f(x)=\sqrt{x}$ 在定义域内是增函数.

13. 对于函数 $f(x)=x^{-\frac{3}{2}}$，(1) 求其定义域和值域；(2) 判断其奇偶性.

二、综合运用

14. 下列是 $y=x^{\frac{2}{3}}$ 的图像的是（　　）.

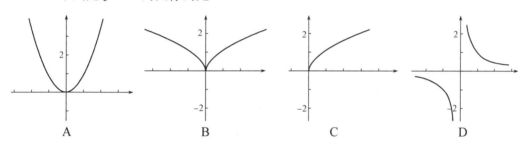

A 　　　　　B 　　　　　C 　　　　　D

15. 图中曲线是幂函数 $y=x^n$ 在第一象限的图像，已知 n 取 $\pm2,\pm\frac{1}{2}$ 四个值，则相应于曲线 C_1,C_2,C_3,C_4 的 n 依次为（　　）.

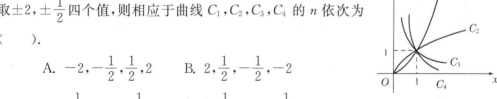

第 15 题图

  A. $-2,-\frac{1}{2},\frac{1}{2},2$　　　B. $2,\frac{1}{2},-\frac{1}{2},-2$

  C. $-\frac{1}{2},-2,2,\frac{1}{2}$　　　D. $2,\frac{1}{2},-2,-\frac{1}{2}$

16. 设 $n\in\left\{-2,-1,-\frac{1}{2},\frac{1}{2},1,2,3\right\}$，已知幂函数 $f(x)=x^n$ 是偶函数，且在区间 $(0,+\infty)$ 上是减函数，则满足条件的 n 值的个数是（　　）.

  A. 1　　　　　B. 2　　　　　C. 3　　　　　D. 4

17. 已知幂函数 $f(x)=x^{m^2-2m-3}(m\in\mathbf{Z})$ 为偶函数，且在区间 $(0,+\infty)$ 上是单调减函数，求函数 $f(x)$.

第四章 综合测试题

一、选择题(每题 4 分,共 40 分)

1. 若 $a>0$,且 m,n 为整数,则下列各式中正确的是( ).

  A. $a^m \div a^n = a^{\frac{m}{n}}$ B. $a^m \cdot a^n = a^{m \cdot n}$ C. $(a^m)^n = a^{m+n}$ D. $1 \div a^n = a^{0-n}$

2. 对于 $a>0,a \neq 1$,下列说法中,正确的是( ).

  ① 若 $M=N$ 则 $\log_a M = \log_a N$;② 若 $\log_a M = \log_a N$ 则 $M=N$;③ 若 $\log_a M^2 = \log_a N^2$ 则 $M=N$;④ 若 $M=N$ 则 $\log_a M^2 = \log_a N^2$.

  A. ①②③④ B. ①③ C. ②④ D. ②

3. 设集合 $S = \{y \mid y=3^x, x \in \mathbf{R}\}$,$T = \{y \mid y=x^2-1, x \in \mathbf{R}\}$,则 $S \cap T$ 是( ).

  A. $\varnothing$ B. T C. S D. 有限集

4. 函数 $y=2+\log_2 x (x \geqslant 1)$ 的值域为( ).

  A. $(2,+\infty)$ B. $(-\infty,2)$ C. $[2,+\infty)$ D. $[3,+\infty)$

5. 设 $y_1 = 4^{0.9}$,$y_2 = 8^{0.48}$,$y_3 = \left(\frac{1}{2}\right)^{-1.5}$,则( ).

  A. $y_3 > y_1 > y_2$ B. $y_2 > y_1 > y_3$ C. $y_1 > y_3 > y_2$ D. $y_1 > y_2 > y_3$

6. 在 $b = \log_{(a-2)}(5-a)$ 中,实数 a 的取值范围是( ).

  A. $a>5$ 或 $a<2$ B. $2<a<3$ 或 $3<a<5$

  C. $2<a<5$ D. $3<a<4$

7. 计算 $(\lg 2)^2 + (\lg 5)^2 + 2\lg 2 \cdot \lg 5$ 等于( ).

  A. 0 B. 1 C. 2 D. 3

8. 已知 $a = \log_3 2$,那么 $\log_3 8 - 2\log_3 6$ 用 a 表示是( ).

  A. $5a-2$ B. $a-2$ C. $3a-(1+a)^2$ D. $3a-a^2-1$

9. 已知幂函数 $f(x)$ 过点 $\left(2, \frac{\sqrt{2}}{2}\right)$,则 $f(4)$ 的值为( ).

  A. $\frac{1}{2}$ B. 1 C. 2 D. 8

10. 若函数 $f(x) = \log_a x (0<a<1)$ 在区间 $[a,2a]$ 上的最大值是最小值的 3 倍,则 a 的值为( ).

  A. $\frac{\sqrt{2}}{4}$ B. $\frac{\sqrt{2}}{2}$ C. $\frac{1}{4}$ D. $\frac{1}{2}$

二、填空题(每题 5 分,共 25 分)

11. 已知函数 $f(x) = \begin{cases} \log_3 x & (x>0) \\ 2^x & (x \leqslant 0) \end{cases}$,则 $f\left[f\left(\frac{1}{9}\right)\right]$ 的值为_____.

12. 函数 $f(x) = \lg(3x-2) + 2$ 恒过定点_____.

13. 计算:$\log_4 27 \times \log_5 8 \times \log_3 25 =$_____.

14. 若 $\log_a 2 = m$，$\log_a 3 = n$，则 $a^{\frac{3m-n}{2}} = $ _____.

15. 由于电子技术的飞速发展，计算机的成本不断降低，若每隔 5 年计算机的价格降低 $\frac{1}{3}$，问现在价格为 8100 元的计算机经过 15 年后，价格应降为 _____.

三、解答题(16 题 15 分,17、18 题每题 10 分,共 35 分)

16. 求下列各式中的 x 的值(每小题 5 分)：

(1) $\ln(x-1) < 1$；

(2) $\left(\dfrac{1}{3}\right)^{1-x} - 9 < 0$；

(3) $a^{2x-1} > \left(\dfrac{1}{a}\right)^{x-2}$，其中 $a > 0$ 且 $a \neq 1$.

17. 已知函数 $f(x) = \log_{\frac{1}{2}}\left[\left(\dfrac{1}{2}\right)^x - 1\right]$，

(1) 求 $f(x)$ 的定义域；(2) 讨论函数 $f(x)$ 的增减性.

18. 已知函数 $f(x) = \log_a(a^x - 1)(a > 0$ 且 $a \neq 1)$，

(1) 求 $f(x)$ 的定义域；(2) 讨论函数 $f(x)$ 的增减性.

期终达标训练题

第一章　集合

1. 用列举法写出下列集合：(1) $\{x \mid x$ 是 8 的正约数$\}$；(2) $\{x \mid x \in \mathbf{N}, x \leqslant 4\}$.

2. 用描述法写出下列集合：(1) $\{1,3\}$；(2) $\{2,3\}$.

3. 方程 $x^4 - x^2 = 0$ 的解是＿＿＿＿＿＿＿＿，解集用列举法表示是＿＿＿＿＿＿＿.

4. 集合 $M = \{x \mid x^3 - x = 0\}$ 的子集个数有＿＿＿＿个，其中真子集有＿＿＿＿个.

5. 全集 $U = \{x \in \mathbf{N}_+ \mid x \leqslant 7\}$，集合 $A = \{1,3,5\}$，$B = \{1,3,7\}$，则
$A \cap B = $＿＿＿＿，$\complement_U A = $＿＿＿＿，$\complement_U(A \cup B) = $＿＿＿＿，
$A \cup B = $＿＿＿＿，$\complement_U B = $＿＿＿＿，$(\complement_U A) \cap (\complement_U B) = $＿＿＿＿.

6. 全集 $I = \mathbf{R}$，集合 $A = \{x \mid -1 < x \leqslant 2\}$，$B = \{x \mid 1 < x \leqslant 3\}$，则
$A \cap B = $＿＿＿＿，$\complement_U A = $＿＿＿＿，$A \cup B = $＿＿＿＿，$\complement_U B = $＿＿＿＿.

7. 填空：(1) 0＿＿＿＿$\mathbf{N}$；(2) -2＿＿＿＿$\mathbf{Z}$；(3) $\sqrt{3}$＿＿＿＿$\mathbf{Q}$；
(4) $-\sqrt{2}$＿＿＿＿$\mathbf{R}$；(5) $\varnothing$＿＿＿＿$\{0\}$；(6) $\mathbf{Z}$＿＿＿＿$\mathbf{R}$；
(7) $\mathbf{N}$＿＿＿＿$\mathbf{Z}$；(8) $\mathbf{Z}$＿＿＿＿$\mathbf{Q}$.

8. 下列各式中，正确的是(　　).
   A. $2 \subset \{x \mid x \leqslant 10\}$　　　　　　　B. $2 \notin \{x \mid x \leqslant 10\}$
   C. $\varnothing \in \{x \mid x \leqslant 10\}$　　　　　　　D. $\{2\} \subset \{x \mid x \leqslant 10\}$

9. 下列各种说法中不正确的是(　　).
   A. 对于一个给定的集合，它的元素是确定的
   B. 空集是任何集合的真子集
   C. 对于一个给定的集合，集合中的元素是互异的
   D. 列举法表示集合时，不必考虑元素间顺序

10. 若 $A=\{2,3,5,7\}$, $B=\{10$ 以内的质数$\}$,则关系式 $A\subseteq B$, $A\supseteq B$, $A\subset B$, $A\supset B$, $A=B$ 中成立的个数有( ).

 A. 1个 B. 2个 C. 3个 D. 4个

11. 求下列两集合的交集和并集:

(1) $A=\{0,3,6,7\}$, $B=\{0,1,2,5,7\}$; (2) $A=\{x|x>1\}$, $B=\{x|x\geqslant 3\}$;

(3) $A=\{$等腰三角形$\}$, $B=\{$直角三角形$\}$; (4) $A=\{0\}$, $B=\varnothing$.

12. 下列各式中,正确的是( ).

 A. $\{x|3x^2+2x-5=0\}=\{1,-\dfrac{5}{3}\}$

 B. $\{(x,y)|3x+2y=1\}\bigcap\{(x,y)|x-y=2\}=\{1,-1\}$

 C. $\{$锐角三角形$\}\bigcup\{$钝角三角形$\}=\{$三角形$\}$

 D. $Q\bigcap Z=Q$.

13. 已知全集 U 和集合 A,求 $\complement_U A$.

(1) $U=\{$小于 9 的正整数$\}$, $A=\{1,2,3,4\}$; (2) $U=\{$梯形$\}$, $A=\{$等腰梯形$\}$.

14. 设 $U=\{x\in \mathbf{N}|x\leqslant 7\}$, $A=\{1,2,4,5\}$, $B=\{4,6,7\}$,求:

(1) $A\bigcap B$, (2) $A\bigcup B$, (3) $\complement_U A$, (4) $\complement_U B$, (5) $\complement_U A\bigcap B$, (6) $\complement_U(A\bigcap B)$.

第二章 不等式

1. 不等式 $x^2>0$ 的解集是( ).

    A. $x\in(0,+\infty)$ B. $x\in(-\infty,0)$

    C. $x\in\mathbf{R}$ D. $\{x\,|\,x\in\mathbf{R},x\neq0\}$

2. k 为什么实数时,方程 $x^2+kx+1=0$ 有实数根( ).

    A. $k\geqslant2$ B. $k\leqslant-2$ C. $k=2$ D. $k\geqslant2$ 或 $k\leqslant-2$

3. 不等式 $x^2-2x+3<0$ 的解集是( ).

    A. $\mathbf{R}$ B. $\varnothing$

    C. $\{x\,|\,-1<x<3,x\in\mathbf{R}\}$ D. $\{x\,|\,x<-1$ 或 $x>3\}$

4. 函数 $y=\sqrt{x^2-7x+10}$ 的定义域是( ).

    A. $\{x\,|\,x\geqslant5$ 或 $x\leqslant2\}$ B. $\{x\,|\,2\leqslant x\leqslant5\}$

    C. $\mathbf{R}$ D. $\varnothing$

5. 下列命题中,正确命题的个数是( ).

① $a>b,c>d \Rightarrow a+c>b+d$;② $a>b,c>d \Rightarrow \dfrac{a}{d}>\dfrac{b}{c}$;

③ $a^2>b^2 \Leftrightarrow |a|>|b|$;④ $a>b>0 \Rightarrow \dfrac{1}{a}<\dfrac{1}{b}$.

    A. 1个   B. 2个   C. 3个   D. 4个

6. 已知实数 a、b 满足等式 $\left(\dfrac{1}{2}\right)^a=\left(\dfrac{1}{3}\right)^b$,下列五个关系式中不可能成立的关系式有( ).

① $0<b<a$;② $a<b<0$;③ $0<a<b$;④ $b<a<0$;⑤ $a=b$.

    A. 1个   B. 2个   C. 3个   D. 4个

7. 已知 $\log_{\frac{1}{2}}b<\log_{\frac{1}{2}}a<\log_{\frac{1}{2}}c$,则( ).

    A. $2^b>2^a>2^c$ B. $2^a>2^b>2^c$

    C. $2^c>2^b>2^a$ D. $2^c>2^a>2^b$

8. 对任意实数 a、b 满足 $a>b$,则( ).

    A. $a^2>b^2$ B. $\dfrac{b}{a}>1$ C. $\lg(a-b)>0$ D. $\left(\dfrac{1}{2}\right)^a<\left(\dfrac{1}{2}\right)^b$

9. 给定命题:① $a>b,ab<0 \Leftrightarrow \dfrac{1}{a}<\dfrac{1}{b}$;② $\sqrt{a}>\sqrt{b} \Leftrightarrow a>b$;③ $|a|<b \Leftrightarrow -b<a<b$;④ $ac^2>bc^2 \Leftrightarrow a>b$. 其中正确命题的个数为( ).

    A. 0个   B. 1个   C. 2个   D. 3个

10. 已知 $a<b<0$,那么下列不等式成立的是( ).

    A. $\dfrac{1}{a}<\dfrac{1}{b}$ B. $ab>b^2$ C. $\dfrac{b}{a}>\dfrac{a}{b}$ D. $\dfrac{a+b}{b}<1$

11. 如果 $a>b>0$,则下列不等式;① $\frac{1}{a}<\frac{1}{b}$;② $a^3>b^3$;③ $\lg(a^2+1)>\lg(b^2+1)$;④ $2^a>2^b$.其中成立的是(   ).

    A. ①②③④   B. ①②③

    C. ①②   D. ③④

12. 不等式 $\frac{x-1}{x}\geqslant 2$ 的解集为(   ).

    A. $[-1,0)$ B. $[-1,+\infty)$

    C. $(-\infty,-1]$ D. $(-\infty,-1]\cup(0,+\infty)$

13. 不等式 $|x|>1$ 的解集是_____;不等式 $|x|<1$ 的解集是_____;不等式 $|x-2|>1$ 的解集是_____;不等式 $|x-2|<1$ 的解集是_____.

14. 二次函数 $y=x^2-2x-3$,

(1) 用描点法画出函数的图像;

(2) 说出函数的对称轴、顶点坐标与开口方向;

(3) 函数有最大值还是最小值,说出这个最值;

(4) 当 x 取哪些值时,函数值等于零、大于零、小于零.

15. 解不等式:

(1) $x(x-1)<x(2x-3)+2$;   (2) $x^2+10\geqslant 6x+1$;

(3) $-6x^2+2<x$;   (4) $14-4x^2>2x$.

第三章 函 数

1. 判断题:

(1) $[a,b]$ 叫闭区间,(a,b) 叫作开区间,$(a,b]$、$[a,b)$ 都叫作半开半闭区间.

(2) 函数 $f(x)=5x,x\in\{x|x\in\mathbf{N}$ 且 $x\leqslant 3\}$ 的定义域是 $\{0,1,2,3\}$,值域是 $\{0,5,10,15\}$.

(3) 函数 $y=2x,x\in\mathbf{N}$ 的图像是经过点 $0(0,0)$ 和 $A(1,2)$ 的一条直线.

(4) 函数 $y=mx+b$ 在 $(-\infty,+\infty)$ 具有单调性,当 $m>0$ 时是增函数,当 $m<0$ 时是减函数.

2. 求下列函数的定义域:

(1) $y=2x,x\in\mathbf{N}$,且 $|x|\leqslant 2$,定义域是_____;

(2) $y=\dfrac{1}{3x+5}$,定义域是_____;

(3) $y=\sqrt{5x+7}$,定义域是_____;

(4) $y=(3x-2)^{-\frac{1}{2}}$,定义域是_____;

(5) $y=\log_2(x-1)$,定义域是_____;

(6) $y=2^{(x+1)}$,定义域是_____;

(7) $y=\sqrt{2x-1}+\sqrt{1-2x}$,定义域是_____.

3. 下列函数哪些是奇函数,哪些是偶函数,哪些既不是奇函数也不是偶函数:

(1) $y=2x+1$;　　　(2) $y=3x$;　　　(3) $y=x^2-1$;　　　(4) $y=x^2+x$;

(5) $y=x^{-3}+x$;　　　(6) $y=x^2,x\in[0,+\infty]$;　　　(7) $y=2^x$;　　　(8) $y=\lg x^2$.

4. 函数 $y=x^3$ 与 $y=\sqrt[3]{x}$ 互为反函数,它们的图像的对称性是( ).

　　A. 关于 y 轴成轴对称　　　　　　B. 关于原点成中心对称

　　C. 关于直线 $y=x$ 对称　　　　　　D. 没有对称性.

5. 满足 $-2\leqslant x<1$ 的实数 x 的集合用区间表示是( ).

　　A. $[-2,1]$　　　B. $(-2,1)$　　　C. $(-2,1]$　　　D. $[-2,1)$

6. 函数 $y=x^2,x\in\mathbf{R}$ 的单调性是( ).

　　A. 在 $\mathbf{R}$ 上是增函数

　　B. 在 $\mathbf{R}$ 上是减函数

　　C. 在 $(-\infty,0]$ 上是减函数

　　D. 在 $(-\infty,0]$ 上是减函数,在 $[0,+\infty)$ 上是增函数

7. 下列说法错误的是( ).

　　A. 函数 $y=f(x)$ 的定义域,正好是它的反函数 $y=f^{-1}(x)$ 的值域

　　B. 函数 $y=f(x)$ 的值域,正好是它的反函数 $y=f^{-1}(x)$ 的定义域

C. 函数 $y=\log_a x(a>0,a\neq1)$ 是函数 $y=a^x$ 的反函数,因为 $y=a^x$ 的值域 $y>0$,
所以函数 $y=\log_a x$ 的定义域是 $x>0$

D. 函数 $y=\log_a x(a>0,a\neq1)$ 是函数 $y=a^x$ 的反函数,因为 $y=a^x$ 的值域 $y>0$,
所以函数 $y=\log_a x$ 的值域是 $y>0$

8. 下列说法错误的是(　　).

A. 指数函数 $y=a^x$ 是增函数

B. 指数函数 $y=2^x$ 是增函数;

C. 对数函数 $y=\lg x$ 是增函数

D. 对数函数 $y=\log_2 x$ 是增函数.

9. 下列结论错误的是(　　).

A. 函数 $y=\dfrac{1}{x}$ 在 $(0,+\infty)$ 上是减函数

B. 函数 $y=\dfrac{1}{x}$ 在 $(-\infty,0)$ 上是减函数

C. 函数 $y=\dfrac{1}{x}$ 在 $(-\infty,0)$ 和 $(0,+\infty)$ 上是减函数

D. $y=\dfrac{1}{x}$ 在 $(-\infty,+\infty)$ 上是减函数

10. $y=\dfrac{2}{x}(x\neq0)$ 的反函数是(　　).

A. $y=\dfrac{2}{x}(x\neq0)$　　B. $y=\dfrac{2}{x}$　　　　C. $y=2x$　　　　D. $y=\dfrac{x}{2}$

第四章　基本初等函数

1. 判断:

① 若 $x^n=a(n>1$ 且 $n\in\mathbf{N}^+)$,那么 x 叫作 a 的 n 次方根;　　　　　　(　　)

② 若 $a\in\mathbf{R}$,则 $a^0=1$;　　　　　　　　　　　　　　　　　　　　　(　　)

③ 2 的平方根是 $\pm\sqrt{2}$;　　　　　　　　　　　　　　　　　　　　　　(　　)

④ 2 的立方根是 $\sqrt[3]{2}$;　　　　　　　　　　　　　　　　　　　　　　　(　　)

⑤ -2 没有平方根;　　　　　　　　　　　　　　　　　　　　　　　　　(　　)

⑥ -2 没有立方根;　　　　　　　　　　　　　　　　　　　　　　　　　(　　)

⑦ 函数 $y=a^x(a>0)$ 叫作指数函数;　　　　　　　　　　　　　　　　　(　　)

⑧ 函数 $y=\log_a x(a>0,a\neq1)$ 的值域是 $(0,+\infty)$;　　　　　　　　　　(　　)

⑨ $\sqrt{-x}$ 没有意义;　　　　　　　　　　　　　　　　　　　　　　　　(　　)

⑩ 底数为 e 的对数叫作自然对数.　　　　　　　　　　　　　　　　　　　(　　)

2. 选择:

(1) 下列各式正确的是(　　).

A. $(-1)^0=1$

B. $(-1)^{-1}=1$

C. $(-1)^{-2}=1/2$

D. $(-1)^5\div(-1)^3=-1$

(2) 下列各式正确的是(　　).

　　A. $(\sqrt[3]{-2})^3=-2$　　　　　　　　B. $\sqrt{(-2)^2}=-2$

　　C. $\sqrt[3]{(-2)^3}=\pm2$　　　　　　　　D. $\sqrt{(-2)^2}=\pm2$

(3) 在式子 $\sqrt[n]{0}$、0^0、0^{-1}、$0^{\frac{1}{2}}$、$0^{-\frac{1}{2}}$、0^2 中,有意义的个数是(　　).

　　A. 2 个　　　　　　B. 3 个　　　　　　C. 4 个　　　　　　D. 5 个

(4) 计算 $\sqrt{(3-\pi)^2}$ 的结果是(　　).

　　A. $3-\pi$　　　　　B. $\pi-3$　　　　　C. $\pi+3$　　　　　D. $-\pi-3$

(5) 下列各式正确的是(　　).

　　A. $a^{\frac{2}{3}}\cdot a^{\frac{3}{2}}=a$　　B. $a^{\frac{3}{4}}\div a^{\frac{4}{3}}=a$　　　　C. $a^4+a^{-4}=0$　　D. $(a^{\frac{3}{2}})^{\frac{2}{3}}=a$

(6) 当 a、$b\in\mathbf{R}$ 时,下列各式总能成立的是(　　).

　　A. $(\sqrt{a}+\sqrt{b})^2=a+b$　　　　　　B. $\sqrt{(a^2+b^2)^2}=a^2+b^2$

　　C. $\sqrt{a^2}-\sqrt{b^2}=a-b$　　　　　　D. $\sqrt{(a+b)^2}=a+b$

(7) $[(1-\sqrt{2})^2]^{\frac{1}{2}}-(\sqrt{2}+1)^{-1}$ 的结果是(　　).

　　A. 0　　　　　　　B. $2-2\sqrt{2}$　　　　C. $-2\sqrt{2}$　　　　D. -2

(8) 下列两数的大小比较,错误的是(　　).

　　A. $1.5^{\frac{1}{2}}>1.5^{\frac{1}{3}}$　　B. $0.8^{-0.1}<0.8^{-0.2}$　　C. $4^{0.7}<4^{2.5}$　　D. $0.9^3>0.9^2$

(9) 下列两数的大小比较,错误的是(　　).

　　A. $\lg6<\lg8$　　B. $\log_{\frac{1}{2}}6<\log_{\frac{1}{2}}5$　　C. $\log_2\dfrac{1}{2}>0$　　D. $\log_{\frac{1}{2}}2<0$

(10) 下列运算错误的是(　　).

　　A. $\lg5-\lg2=\lg3$　　　　　　　　B. $\log_5 5=1$

　　C. $\log_{0.4}1=0$　　　　　　　　　D. $2^{\log_2 3}=3$

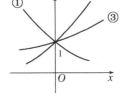

(11) 已知指数函数① $y=a^x$,② $y=b^x$,③ $y=C^x$ 的图像如右图所示:则 a、b、c 的大小排列是(　　).

　　A. $a<b<c$　　　　　　　　　　B. $a<c<b$

第(11)题图

　　C. $c<b<a$　　　　　　　　　　D. $b<c<a$

(12) 同一坐标系中,画有对数函数① $y=\log_2 x$,② $y=\log_{10} x$,③ $y=\log_{\frac{1}{2}} x$ 的图像,问函数图像的标号与函数式的题号对应正确的是(　　).

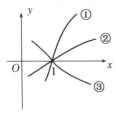　　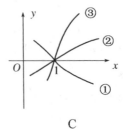　　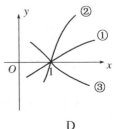

A　　　　　　　　B　　　　　　　　C　　　　　　　　D

3. 填空:

① $\dfrac{a^2\cdot\sqrt[3]{a}}{\sqrt{a}\cdot\sqrt[3]{a^2}}=$ _____ ;

② $\left(\dfrac{16}{81}\right)^{-\frac{1}{2}}=$ _____ ;

③ $10000^{\frac{3}{4}} =$ _____ ;　　　　　　④ $\log_2 6 - \log_2 3 =$ _____ ;

⑤ $\log_7 3 + \log_7 \frac{1}{3} =$ _____ ;　　　　⑥ $\log_3 5 - \log_3 15 =$ _____ ;

⑦ $\log_8 9 \cdot \log_{27} 32 =$ _____ ;

⑧ $\log_2 3 \cdot \log_3 4 \cdot \log_4 5 \cdot \log_5 6 \cdot \log_6 7 \cdot \log_7 4 =$ _____ ;

⑨ 已知 $\lg 2 = 0.3010$,则 $(\lg 5)^2 + \lg 2 \cdot \lg 5 =$ _____ ;

⑩ $\log_3 18 - 2\log_3 \sqrt{2} =$ _____ ;　　　⑪ $\log_5 10 + \log_5 \frac{1}{50} - 2\log_{\frac{1}{2}} \sqrt{2} =$ _____ ;

⑫ $\lg \frac{25}{2} - \lg \frac{5}{8} + \lg \frac{1}{2} =$ _____ ;

4. 判断:

① $3a^{-2} = \frac{1}{3a^2}$;　　　　② $3^{-\frac{1}{2}} = \frac{1}{-\sqrt{3}}$;　　③ $(-1)^{-3} = 1$;

④ $\left[\dfrac{a^{-1} \cdot \sqrt{b^{-1}}}{b \cdot \sqrt{a}} \right]^{-\frac{2}{3}} = ab$;　　　　　⑤ $\log_2 3 + \log_2 5 = \log_2 8 = 3\log_2 2 = 3$;

⑥ $\log_2 5 - \log_2 3 = \log_2 2 = 1$;　　　　⑦ $\dfrac{\lg 27}{\lg 9} = \lg \dfrac{27}{9} = \lg 3 = 0.4771$;

⑧ $\dfrac{\lg 27}{\lg 9} = \lg 27 - \lg 9 = \lg 3^3 - \lg 3^2 = 3\lg 3 - 2\lg 3 = \lg 3 = 0.4771$.

5. 求下列各式中的 x :

① $x^4 = 1$;　　　　② $x^3 = -1$;　　　③ $4^x = 8$;　　　④ $\left(\dfrac{1}{2} \right)^{-x} = 1/16$;

⑤ $\left(\dfrac{1}{2} \right)^x \cdot 4^x = 1/8$;　⑥ $\log_x 9 = 2$;　　　⑦ $\lg x = -2$;　　　⑧ $\log_{(x-1)} 8 = 3$;

⑨ $\lg(2x+1) = 2\lg 3$;　⑩ $2^{x+1} + 2^x = 24$;　⑪ $\left(\dfrac{2}{3} \right)^x = \left(\dfrac{3}{2} \right)^5$;

⑫ $2 \cdot 4^x - 15 \cdot 2^x - 8 = 0$;　⑬ $2\lg(x-1) = \lg(x+3) + \lg 2$;　⑭ $(\lg x)^2 - 3\lg x + 2 = 0$.

6. 证明:

① $\log_a b \cdot \log_b a = 1$;　　　　　　② $\log_{a^n} b^n = \log_a b$.

7. 已知 $y = 2^x$, $x \in \mathbf{R}$ 的图像如图,作出函数 $y = \log_2 x$ ($x > 0$)的图像.

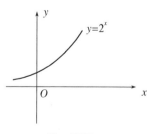

第7题图

ISBN 978-7-305-21640-4

9 787305 216404 >

定价:42.00元

高等学校"十三五"教师教育系列规划教材
教育部卓越教师培养计划改革项目成果教材

数学

（第一册）

丛书总主编　　黄　琳

丛书副总主编　李学全　禹建柏　匡代军

丛书主审　　　徐庆军

本册主编　　　邓　勇

副主编　　　　覃亚平　杨柳笑　于　鹏

参编人员　　　陈　丽　郭　啸　吴　芳　何凯琳

南京大学出版社

图书在版编目(CIP)数据

数学. 第一册 / 邓勇主编. —— 南京 : 南京大学出版社,2019.6(2022.8 重印)
 ISBN 978 - 7 - 305 - 21640 - 4

 Ⅰ. ①数… Ⅱ. ①邓… Ⅲ. ①数学—高等师范院校—教材 Ⅳ. ①O1

 中国版本图书馆 CIP 数据核字(2019)第 018036 号

出版发行　南京大学出版社
社　　址　南京市汉口路 22 号　　　　　邮　编　210093
出 版 人　金鑫荣

书　　名　**数学(第一册)**
主　　编　邓　勇
责任编辑　钱梦菊　　　　　　　　编辑热线　025 - 83592146

照　　排　南京南琳图文制作有限公司
印　　刷　南京玉河印刷厂
开　　本　787×1092　1/16　印张 13.25　字数 322 千
版　　次　2022 年 8 月第 1 版第 2 次印刷
ISBN 978 - 7 - 305 - 21640 - 4
定　　价　42.00 元

网址：http://www.njupco.com
官方微博：http://weibo.com/njupco
官方微信号：njupress
销售咨询热线：(025) 83594756

百年大计,教育为本;教育大计,教师为本.作为教育的母机,我国师范教育自举办之初直至上个世纪末,一直实行公费培养模式.在经历了近 10 年"教育市场化"后,2006 年湖南应时而动,率先实施初中毕业起点五年制大专初等教育专业公费定向培养.时任湖南第一师范教学校长的我,是这一举措的主要倡议人和推动者.我认为,公费定向培养,是加强教师队伍建设,推动城乡基础教育均衡高质量发展的必然选择,是拔除穷根,阻断贫困代际传递的治本之策.

长沙师范学院一百年坚守师范教育,六十年执着学前教育,是湖南省学前教育人才培养、科学研究和社会服务的主阵地.2007 年开始承担初中毕业起点五年制大专初等教育专业公费定向培养项目,2009 年率先实施初中毕业起点五年制大专学前教育专业公费定向培养,2015 年成为教育部卓越幼儿园教师培养计划实施单位.

卓越幼儿园教师培养模式的学制为 6 年,采用"2+4"分段培养,前两年为预科阶段,主要培养师范生必备的知识、素养和基本技能;后四年进入本科层次的学习.围绕预科阶段人才培养目标定位,学校预科教育学院精心设置课程体系,认真编制课程大纲,扎实进行课程建设,做了大量卓有成效的工作.其基础数学教研室结合实际编写的预科段数学教材及学习指导用书,就是其中的重要成果.

数学是打开知识大门的钥匙,是一切自然科学的基础.学习数学,有助于提高学生的思维能力、运算能力、空间想象能力、解决实际问题的能力.创新教学的先行者里斯特伯先生指出:"学生学习数学就是要解决生活中的问题,只有极少数人才能攻关艰深的高级数学问题,我们不能只为了培养尖端人才而忽略或者牺牲大多数学生的利益,所以数学首先是生活概念."

数学不仅是一门科学,一项艺术,而且也是一种文化.数学教学,不仅仅在于教出几个数学尖子,更在于普及数学文化.正如日本数学教育家米山国藏所说:"不管学生将来从事何种工作,那种铭刻于头脑中的数学精神和数学思想方法,将长期在他们的生活和工作中发挥重要的作用."

预科段数学课程教学,旨在使学生掌握必要的数学基础知识,具备一定的数学素养,为下一阶段学习专业知识、掌握职业技能、继续学习和终身发展奠定基础.

基于此,数学教材的编写,应秉持科学性、实用性、针对性、持续性和趣味性等原则. 我注意到,该教材在内容的选取上,有以下四个方面的特点:

1. 兼容创新. 在研究、吸收以往同类教材的基础上,有所发展,有所创新.

2. 注重衔接. 与九年义务教育阶段数学课程相承接、贯通,使学生在学习时不会感到生疏、突兀.

3. 彰显课改理念. 把知识学习、能力培养与情感体验三个目标有机地结合起来.

4. 体现"三贴近". 教材素材的选取,贴近学生实际、贴近专业、贴近生活,便于学生对数学的认识和理解,有利于学习兴趣的激发.

教材编写的呈现方式,同样可圈可点:

第一,图文并茂,利用多种形式,生动有趣地呈现知识素材.

第二,教材内容的呈现形式多样化,从学生的认知规律出发,展现数学的概念和结论的形成过程,体现从具体到抽象、特殊到一般的原则.

第三,教材编写使用统一的规范用语,内容的表述深入浅出、通俗易懂,具有科学性和可读性.

全书共四册,按知识的逻辑顺序及课时的分配划分章节,每小节配备练习,供学生课堂练习;每大节配备习题,并按难易程度分 A、B 两组,以满足基础不同、要求不同的学生课后练习;每章根据重难点配备了一定量的微课讲解片段及练习答案的链接,并提供了 1~2 个阅读材料,作为教材的引申;每章末都有知识结构图、知识回顾、方法总结、总复习题等;每册末通过附录的形式,补充了相关的先修课程的知识. 为方便学生课后复习、巩固提高,还编写了配套的学习指导用书. 本教材不仅适用于初中毕业起点六年制"卓越计划"班学生,同时也适用于初中毕业起点五年制学前教育、小学教育专业的学生.

此套教材是由从事"教育部卓越教师计划培养"改革实践、具有丰富教学经验的一线教师编写的,既有内在的学科逻辑,又很"接地气",相信会受到使用者的普遍欢迎.

是为序.

李学全

（教育部卓越幼儿园教师培养计划改革项目负责人、
全国小学教育专业委员会常务理事、
湖南省经济数学研究会常务理事）

2019 年 1 月

数学是研究空间形式和数量关系的科学,是科学和技术的基础,是人类文化的重要组成部分.学习数学,能够提高学生的思维能力、运算能力、空间想象能力、解决实际问题的能力.本教材是依托教育部卓越教师培养计划为初中起点的教师教育而编写的教材,目的是使学生通过学习掌握必要的数学基础知识和数学素养,具备必需的相关技能与能力,为学习专业知识、掌握职业技能、继续学习和终身发展奠定基础.

本教材注重与九年义务教育阶段数学课程的衔接,同时在选材上注重突出职业特色,贴近学生实际,贴近生活,图文并茂,利用多种形式,生动有趣地呈现知识素材,并且从学生的认知规律出发,以"引入—得出概念结论—新知思考—例题—练习"为主线,展现数学的概念和结论的形成过程,体现从具体到抽象、特殊到一般的原则.本教材突出科学性、实用性、针对性、持续性和趣味性等原则,旨在把知识学习、能力培养与情感体验三个目标有机地结合起来,使学生从一个主题出发既获得了知识,又在能力方面得到了提高,情感方面得到体验,培养学生的数学核心能力和师范生素养能力.

本教材配备了较多的习题,并按照难易程度进行了分层设置,供不同基础的学生练习;每章配置了二维码,提供微课和阅读材料等数字资源,供学生课后复习与阅读,拓展学生的知识;同时补充了一些先修课程的知识,方便学生知识的衔接.此外,还提供了配套的学习指导用书,供学生课后复习巩固.

本书既可作为初中起点五年制和六年制学前教育专业的教材,也可以作为初中起点五年制和六年制小学教育专业的教材,还可作为中等职业技术院校的数学参考教材.

本书由邓勇老师(长沙师范学院)主编,覃亚平(长沙师范学院)、杨柳笑(长沙师范学院)、于鹏(长沙师范学院)、陈丽(长沙师范学院)、郭啸(长沙师范学院)、吴芳(湖南大学)、何凯琳(长沙师范学院)等老师参编.参加编写的老师具体分工如下:邓勇编写第一章和学习指导用书,覃亚平编写第二章第一、二节,于鹏编写第二章第三、四节,杨柳笑编写第三章第一、二节,吴芳编写第三章第三、四、五节,陈丽编写第四章第一、二节,何凯琳编写第四章第三节和本书的附录,邓勇、郭啸等制作了本书的微课.

对本教材编写过程中给予我们诸多支持、帮助的各位领导、老师表示衷心的感谢!

由于时间紧迫,编者水平有限,教材中有不当、错误之处,恳请各位专家、同行和读者不吝赐教,批评指正.

编　者

目 录

微信扫码

配套数字资源

本书部分数学符号 ·· 1

第一章 集 合

1.1 集合及其表示 ··· 2

 1.1.1 集合的含义 ······································ 2

 1.1.2 集合的表示 ······································ 4

1.2 集合间的基本关系 ·································· 7

1.3 集合的基本运算 ···································· 11

第二章 不等式

2.1 不等式的概念与性质 ····························· 21

 2.1.1 不等式 ·· 21

 2.1.2 不等式的性质 ·································· 22

2.2 不等式的解法 ······································· 26

 2.2.1 一元二次不等式 ······························ 26

 2.2.2 简单分式不等式 ······························ 29

 2.2.3 含绝对值的不等式 ·························· 31

2.3 基本不等式 ··· 34

2.4 不等式的证明 ·· 38

第三章 函 数

3.1 对应与映射 ………………………………… 49

3.2 函数及其表示 ……………………………… 53

　3.2.1 函数的概念 ………………………………… 53

　3.2.2 函数的表示方法 …………………………… 58

3.3 函数的基本性质 …………………………… 64

　3.3.1 函数的单调性 ……………………………… 65

　3.3.2 函数的最大（小）值 ……………………… 69

　3.3.3 函数的奇偶性 ……………………………… 71

3.4 反函数 ……………………………………… 75

3.5 函数应用举例 ……………………………… 79

第四章 基本初等函数

4.1 指数函数 …………………………………… 90

　4.1.1 指数与指数幂的运算 ……………………… 90

　4.1.2 指数函数及其性质 ………………………… 94

　4.1.3 指数函数应用举例 ………………………… 98

4.2 对数函数 …………………………………… 101

　4.2.1 对数与对数运算 …………………………… 101

　4.2.2 对数函数及其性质 ………………………… 106

　4.2.3 对数函数应用举例 ………………………… 109

4.3 幂函数 ……………………………………… 112

附 录 预备知识 ……………………………… 121

本书部分数学符号

$\in$	属于
$\notin$	不属于
$\{a,b,c,\cdots\}$	由元素 $a,b,c,\cdots$ 构成的集合
$\{x\in A\mid p(x)\}$	集合 A 中使 $p(x)$ 成立的元素构成的集合
$\varnothing$	空集
N	自然数集
N$_+$ 或 **N***	正整数集
Z	整数集
Q	有理数集
R	实数集
$\subseteq$	包含于,子集
$\subset$	真包含于,真子集
$\cap$	交集
$\cup$	并集
$\complement$	补集
$[\,,\,]$	闭区间
$(\,,\,)$	开区间
$[\,,\,),(\,,\,]$	半开半闭区间
$f(x)$	函数 f 在 x 处的值
$f:A\rightarrow B$	集合 A 到集合 B 的映射

第一章 集 合

在幼儿园和小学的教学活动中，"集合"知识都有渗透．例如，在幼儿游戏活动结束后，老师让小朋友们把玩具分类放好，其中每一类玩具就是一个集合；小学教学活动中，自然数的全体就构成一个集合．

集合论是德国数学家康托在 19 世纪末创立的，它是现代数学的重要基础，其基本思想已经渗透到现代数学的所有领域．集合语言是现代数学的基本语言，可以简洁、准确地表达数学内容，学好集合对于将来从事幼儿教学和小学教学具有十分重要的意义．本章中，我们将学习集合的一些基本知识，包括集合的概念、表示方法、集合之间的基本关系和基本运算，并学习用集合的语言来描述或表示有关的数学对象．

本章学习目标

通过本章的学习，将实现以下学习目标：

- 掌握集合、元素的概念及其关系，以及集合的表示方法
- 掌握子集、真子集等集合的基本关系
- 掌握交集、并集和补集等集合的运算
- 提升整体处理思想，能更深层次地理解整体与个体的辩证关系

1.1 集合及其表示

1.1.1 集合的含义

"集合"这个词并不陌生,在初中,我们就已经接触过"集合"这个词.例如,自然数的集合;到一条线段两端点的距离相等的点的集合(该线段的垂直平分线);平面上到定点的距离等于定长的点的集合(圆);不等式 $x+2>0$ 的解的集合;等等.

考察下列例子,分析每组对象的特点:

(1) 1～10 以内所有的素数;

(2) 所有的等腰三角形;

(3) 某高校的所有大一新生;

(4) 到一条线段两端点的距离相等的点.

例(1)中,考虑的对象是 1～10 以内的每个素数,即 2、3、5、7,这些对象是确定的、不同的,将所有这些对象集在一起就组成了一个集合;同样地,例(2)中,考虑的对象是各种不同的等腰三角形,对象是确定的、不同的,这些对象的全体集在一起就组成了一个集合.

一般地,将一些确定的、不同的对象集在一起,就组成了一个集合;集合中的每个对象叫作这个集合中的元素.通常是用大写的拉丁字母表示集合,如集合 A、集合 B 等;用小写拉丁字母表示元素,如元素 a、元素 b 等.

> **思考:**(1) 你能说出例(1)～(4)各集合中的元素吗?
>
> (2) 请你再举出一些关于集合与元素的例子.

由集合的概念可知,对于给定的集合,它的元素必须是确定的.也就是说,给定一个集合,任何一个对象要么是这个集合中的元素,要么不是这个集合中的元素,两者必居其一.例如,"中国的省会城市"构成一个集合,长沙、广州在这个集合中,岳阳、深圳不在这个集合中.另外,如果一些对象是不确定的,那么它们集在一起就不能组成集合.例如"所有的年轻人","班上的高个子同学"就不能组成集合.

如果元素 a 是集合 A 中的元素,就说 a 属于集合 A,记作 $a \in A$;如果元素 a 不是集合 A 中的元素,就说 a 不属于集合 A,记作 $a \notin A$.例(1)中,用 A 表示"1～10 以内所有的素数"组成的集合,则 5 在集合 A 中,记为 $5 \in A$,4 不在集合 A 中,记为 $4 \notin A$.

对于给定的集合,它的元素是互异的.也就是说集合中的元素是互不相同、不重复出现的,当把相同的元素归为一个集合时,只能算作这个集合中的一个元素.

对于给定的集合,它的元素是无序的.也就是说,集合中所有的元素都是没有顺序的,只要构成两个集合中的元素是一样的,我们就称这两个集合是相同的.例如,1 到 10 中的所有偶数组成的集合中,共有五个元素,先说哪一个元素,后说哪一个元素都一样,没有区别.

思考:以下元素的全体能够组成集合吗? 如果能够,你能说出它们的元素吗?

　　(1) 大于 3 小于 10 的偶数;　　　　(2) 我国的小河流;

　　(3) $x^2-2x+1=0$ 的解.

常用的数集及其记法

全体自然数组成的集合称为**自然数集**(非负整数集),记作 **N**;

全体正整数组成的集合称为**正整数集**,记作 **N*** 或 **N₊**;

全体整数组成的集合称为**整数集**,记作 **Z**;

全体有理数组成的集合称为**有理数集**,记作 **Q**;

全体实数组成的集合称为**实数集**,记作 **R**.

　　一般地,把含有有限个元素的集合叫作**有限集**;把含有无限个元素的集合叫作**无限集**.例如,1~10 以内所有的素数组成的集合为有限集,自然数集、实数集等数集为无限集.

思考:方程 $x^2-2x+5=0$ 的解集是无限集还是有限集?

　　方程 $x^2-2x+5=0$ 无实数解,因此,它的解集中没有任何元素,把这样的集合称为空集.一般地,**不含有任何元素的集合称为空集**,记作 $\varnothing$.

思考:你还能举出一些空集的例子吗?

随堂练习 ▶

1. 判断下列对象能否构成集合:

(1) 某班所有高个子的学生;　　　　　(2) 著名的艺术家;

(3) 一切很大的书;　　　　　　　　　(4) 倒数等于它自身的实数;

(5) 我国的大河流;　　　　　　　　　(6) 所有的无理数;

(7) 细长的长方形;　　　　　　　　　(8) 某学校的年轻老师.

2. 说出下列集合中的元素:

(1) 十二生肖组成的集合;　　　　　　(2) 12 的正约数组成的集合;

(3) "math"中的字母组成的集合;　　　(4) 中国的四大发明组成的集合.

3. 用 $\notin$ 或 $\in$ 填空

0 ＿＿＿＿ **N**　　　　0.5 ＿＿＿＿ **N**　　　$\dfrac{4}{3}$ ＿＿＿＿ **Q**　　　π ＿＿＿＿ **Q**

0 _____ $\mathbf{N_+}$	-1 _____ $\mathbf{N_+}$	-3.8 _____ $\mathbf{Q}$	$\sqrt{3}$ _____ $\mathbf{Q}$
0 _____ $\varnothing$	$\frac{2}{3}$ _____ $\mathbf{Z}$	-1 _____ $\mathbf{Z}$	π _____ $\mathbf{R}$

4. 用符号"$\in$"或"$\notin$"填空:

设 A 为所有亚洲国家组成的集合,则

中国_____A,美国_____A,印度_____A,英国_____A.

5. 集合的应用非常广泛,你能结合自己的经验,举出一些集合的实际例子吗?

1.1.2 集合的表示

描述一个集合可以用自然语言来描述,如整数集,除此之外,还可以用什么方法表示集合?

1. 列举法

考察下列集合:

(1) 地球上的四大洋组成的集合;

(2) 方程 $x^2-5x+6=0$ 的解集.

容易知道,上述两个集合中的元素可以一一列举出来,可以把他们分别表示成{太平洋,大西洋,印度洋,北冰洋}和{2,3},这样表示集合的方法叫作列举法.

一般地,把集合中的元素一一列举出来,写在大括号内表示集合的方法叫作列举法.

例1 用列举法表示下列集合:

(1) 1 到 10 以内的所有素数组成的集合;

(2) 方程 $x^2+2x+1=0$ 的实数解集.

解:(1) 1 到 10 以内的素数有 2、3、5、7,因此它们组成的集合可以表示为

$$\{2,3,5,7\}.$$

(2) 方程 $x^2+2x+1=0$ 有两个相等的实数根 $x_1=x_2=-1$,因此可以表示为

$$\{-1\}.$$

> **想一想:**
>
> (1)中是否可以表示为{3,2,5,7}或{7,5,2,3}?
>
> (2)中是否可以表示成{$-1,-1$}?

> **思考:**下列集合能否用列举法表示?
>
> ① 非负偶数集合;② 不等式 $x-7<9$ 的解集.

2. 描述法

由于不等式 $x-7<9$ 的解集中的元素是列举不完的,因此不能用列举法表示它的解集. 但是,我们可以用这个集合中元素所具有的共同特征来描述. 这个集合中元素的共同特征是:$x\in R$,且 $x-7<9$,即 $x<16$. 因此,这个集合可以表示为

$$\{x\in R \mid x<16\}.$$

又如,直线 $x+y-1=0$ 上的点组成的集合,集合中的元素是点 (x,y),所有的点都在直线 $x+y-1=0$ 上,因此,这个集合可以表示为

$$\{(x,y)|x+y-1=0\}.$$

一般地,把集合中所有元素的共同特征描述出来,写在大括号内表示集合的方法,叫作描述法.具体方法是:在大括号内先写上表示这个集合元素的一般符号及取值(或变化)范围,再画一条竖线,在竖线后写出这个集合中元素所具有的共同特征.

一般格式为:

$$\{ xxxxxxxx \mid xxxxxxxxxxxx \}$$

表示集合的一般符号　分隔符　元素具有的共同特征

例 2 用描述法表示下列集合:

(1) 不等式 $2x-4>0$ 的实数解集;

(2) 奇数组成的集合.

解:(1) 由 $2x-4>0$ 可以得到 $x>2$,因此,不等式 $2x-4>0$ 的解集为

$$\{x\in\mathbf{R}|x>2\}.$$

(2) 用 x 表示奇数,则所有的奇数可以表示成 $x=2k+1$,其中 $k\in\mathbf{Z}$,因此,奇数组成的集合可以表示为

$$\{x\in\mathbf{Z}|x=2k+1,k\in\mathbf{Z}\}.$$

需要指出的是,$x\in\mathbf{R},x\in\mathbf{Z}$ 可以放在分隔符前面,也可以放在其后面,如例 2(1) 中的集合也可表示为

$$\{x\mid x>2,x\in\mathbf{R}\}.$$

另外,如果从上下文的关系来看,$x\in\mathbf{R},x\in\mathbf{Z}$ 是明确的,那么 $x\in\mathbf{R},x\in\mathbf{Z}$ 可以省略,只写其元素 x.如例 2(1) 中的集合也可表示为 $\{x\mid x>2\}$;例 2(2) 中的集合也可以表示为 $\{x|x=2k+1,k\in\mathbf{Z}\}$.

3. Venn 图

在数学中,经常用平面上封闭曲线的内部代表集合,这种表示集合的方法叫作 Venn 图法.

例如,1—10 中的所有素数组成的集合可以表示为图 1.1.1.

2, 3, 5, 7　　　　　　　　　　　　A

图 1.1.1　　　　　　　　　　　　图 1.1.2

需要指出的是,对于不需要给出或没有给出具体元素的抽象集合,用 Venn 图来表示非常方便.例如,集合 A 可以表示为图 1.1.2.

例 3 分别用列举法和描述法表示下列集合:

(1) 方程 $x^2-5x-6=0$ 的所有实数根组成的集合;

(2) 由大于 10 小于 20 的所有整数组成的集合.

解:(1) 方程 $x^2-5x-6=0$ 有两个实数根 -1、6,因此用列举法表示为

$$\{-1,6\}.$$

设方程 $x^2-5x-6=0$ 的实数根为 x,解得 $x=-1$ 或 $x=6$,因此用描述法表示为

$$\{x|x=-1 \text{ 或 } x=6\}.$$

(2) 大于 10 小于 20 的整数有 11、12、13、14、15、16、17、18、19,因此用列举法表示为

$$\{11,12,13,14,15,16,17,18,19\}.$$

设大于 10 小于 20 的整数为 x,它满足条件 $10<x<20$,且 $x\in\mathbf{Z}$,因此用描述法表示为

$$\{x|10<x<20,\text{且 } x\in\mathbf{Z}\}.$$

例 4 用列举法表示集合 $\{(x,y)|0\leqslant x\leqslant 2,3\leqslant y<5,x\in\mathbf{Z},y\in\mathbf{Z}\}.$

解: 由题可知,x 可以取值 0、1、2,y 可以取值 3、4,因此,这个集合的元素共有六个,用列举法表示为

$$\{(0,3),(0,4),(1,3),(1,4),(2,3),(2,4)\}.$$

> **想一想:**
> 本例中集合的元素与例 3 中集合的元素有什么区别?

> **思考:**(1) 结合上述实例,试比较用列举法和描述法表示集合时,各自的特点和适用的对象;
> (2) 试着举出几个集合的例子,分别用列举法和描述法表示出来.

随堂练习

1. 用列举法表示下列集合:
(1) $\{x|3x-6\leqslant 0,x\in\mathbf{N}\}$; (2) $\{x|x^2-x-2=0\}$;
(3) $\{x|x \text{ 为 } 21 \text{ 的正约数}\}$; (4) $\{x|4\leqslant x<8,x\in\mathbf{N}\}$;
(5) $\{(x,y)|-1\leqslant x\leqslant 2,-1\leqslant y\leqslant 1,x,y\in\mathbf{Z}\}$.

2. 用描述法表示下列集合:
(1) 不等式 $2x-3<5$ 的解集; (2) 所有偶数组成的集合;
(3) 方程 $x^3-x^2=0$ 的解集; (4) 大于 -1 且不大于 5 的实数组成的集合.

习题 1.1

A 组

1. 用符号 $\in$ 或 $\notin$ 填空:
(1) 3^2 _____ $\mathbf{N}$, (2) $(\sqrt{5})^2$ _____ $\mathbf{N}$, (3) $\sqrt{16}$ _____ $\mathbf{Z}$,
(4) 0 _____ $\mathbf{N_+}$, (5) $\dfrac{6}{7}$ _____ $\mathbf{Q}$, (6) $\sqrt{5}$ _____ $\mathbf{Q}$,
(7) $\sqrt{(-8)^2}$ _____ $\mathbf{R}$.

2. 已知 $A=\{x|x=5k+2,k\in\mathbf{Z}\}$,用 $\in$ 或 $\notin$ 填空:
(1) 17 _____ A, (2) 38 _____ A, (3) -12 _____ A.

3. 用适当方法表示下列集合：

(1) 方程 $x^2-2x+1=0$ 的解集；　　(2) 不等式 $3x+5>5x-1$ 的解集；

(3) 不大于 5 的自然数组成的集合；　　(4) 不超过 20 的非负数组成的集合；

(5) 大于 2 且小于 6 的有理数组成的集合.

4. 已知 $P=\{x|2<x<k,x\in \mathbf{N}\}$，若集合 P 中恰有 3 个元素，求整数 k 的值.

5. 已知集合 $M=\{-2,3x^2+3x-4,x^2+x-4\}$，若 $2\in M$，求满足条件的实数 x 组成的集合.

B组

1. 由全体正奇数组成的集合是(　　).

　　A. $\{x|x=2(n+1),n\in \mathbf{Z}\}$　　　　B. $\{x|x=2(n-1),n\in \mathbf{Z}\}$

　　C. $\{x|x=2n-1,n\in \mathbf{N_+}\}$　　　　D. $\{x|x=2n-1,n\in \mathbf{N}\}$

2. 用适当方法表示下列集合：

(1) 直角坐标系中第一象限的点组成的集合；

(2) 一次函数 $y=2x+1$ 图像上的点组成的集合；

(3) 抛物线 $y=x^2+2x+2$ 上的点组成的集合；

(4) 二元一次方程组 $\begin{cases}x+y=5\\x-y=3\end{cases}$ 的解集.

3. 已知集合 $M=\{x\in \mathbf{R}|ax^2+2x+1=0\}$ 中只含有一个元素，求实数 a 的值.

1.2　集合间的基本关系

思考：实数之间有相等关系、大小关系，如 $2=2,4\geqslant 2,5<9$ 等.类比实数之间的关系，集合之间会有什么样的关系呢？

引例：观察下面几个例子，集合 A 与集合 B 之间有什么关系？

(1) $A=\{1,2,3\},B=\{1,2,3,4\}$；

(2) $A=\{x|x$ 是中国人$\},B=\{x|x$ 是地球人$\}$；

(3) $A=\{-1,6\},B=\{6,-1\}$；

(4) $A=\{x|x$ 是两边相等的三角形$\},B=\{x|x$ 是等腰三角形$\}$.

1. 包含关系

上述引例(1)中，A 中的三个元素 1,2,3 都是集合 B 中的元素，这时我们说集合 A 与集合 B 有包含关系.例(2)(3)(4)中的集合 A 与集合 B 也有这种关系.

如果集合 A 中的每一个元素都是集合 B 中的元素，即若 $x\in A$，则 $x\in B$，则说这两个集合有包含关系，称集合 A 是集合 B 的**子集**，记为 $A\subseteq B$(或 $B\supseteq A$)，读作"集合 A 包含于

集合 B"（或"集合 B 包含集合 A"）.

引例(1)(2)(3)(4)中,都有 $A\subseteq B$.

集合 $A\subseteq B$,用 Venn 图表示它们之间的包含关系如下：

图 1.2.1   图 1.2.2

> **思考**：包含关系 $\{a\}\subseteq A$ 与属于关系 $a\in A$ 有什么区别？试结合实例作出解释.

规定：空集是任何集合的子集.

2. 相等关系

在上述引例(3)(4)中,集合 A 是集合 B 的子集,且集合 B 又是集合 A 的子集,此时,集合 A 与集合 B 中的元素完全一样,只是元素的排列顺序不同,由集合中元素的无序性可知,它们是相同的两个集合,称它们为相等的集合.

> **想一想**：
> 与实数中的结论"若 $a\geqslant b$,且 $b\leqslant a$,则 $a=b$"相类比,你有什么体会？

一般地,如果集合 A 是集合 B 的子集,且集合 B 又是集合 A 的子集,即 $A\subseteq B$,且 $B\subseteq A$,则称这两个集合相等.记作：$A=B$.

如引例(3)(4)中,都有 $A=B$.

集合 $A=B$,如果用 Venn 图表示它们之间的关系的话,表示集合 A、B 的两条"封闭曲线"是完全重合的,见下图：

图 1.2.3

3. 真包含关系

上述引例(1)中,集合 A 中的三个元素 $1,2,3$ 都是集合 B 中的元素,但是集合 B 中的元素 4 不是集合 A 中的元素,这时我们说集合 A 与集合 B 有真包含关系.引例(2)中的集合 A 与集合 B 也有这种关系.

如果集合 A 中的每一个元素都是集合 B 中的元素,但是集合 B 中至少有一个元素不在集合 A 中,即 $A\subseteq B$,但存在元素 $x\in B$,且 $x\notin A$,则称集合 A 是集合 B 的真子集,记为 $A\subset B$(或 $B\supset A$),读作"集合 A 真包含于集合 B"（或"集合 B 真包含集合 A"）.

引例(1)(2)中,都有 $A\subset B$.

集合 $A\subset B$,用 Venn 图表示它们之间的包含关系如下：

图 1.2.4

思考：(1) 你能区别"包含"与"真包含"的关系吗?

(2) 空集是任何非空集合的真子集,你认为对吗?

由集合之间的基本关系,可以得到下列结论:

(1) 任何一个集合都是它本身的子集,即 $A\subseteq A$;

(2) 对于集合 A、B、C,如果 $A\subseteq B$,$B\subseteq C$,那么 $A\subseteq C$;

例 1　说出下列集合之间的关系:

(1) $A=\{x\,|\,x$ 是长沙人$\}$,$B=\{x\,|\,x$ 是湖南人$\}$,$C=\{x\,|\,x$ 是岳阳人$\}$;

(2) $A=\{x\,|\,x>2\}$,$B=\{x\,|\,x>0\}$,$C=R$.

解:(1) $A\subset B$,$C\subset B$;

(2) $A\subset B$,$A\subset C$,$B\subset C$.

例 2　写出集合 $\{a,b,c\}$ 的所有子集,并指出哪些是真子集.

解:集合 $\{a,b,c\}$ 的所有子集有

$$\varnothing,\{a\},\{b\},\{c\},\{a,b\},\{a,c\},\{b,c\},\{a,b,c\}.$$

真子集的有

$$\varnothing,\{a\},\{b\},\{c\},\{a,b\},\{a,c\},\{b,c\}.$$

> **注意:** 写集合的子集时,不要漏了 $\varnothing$.

例 3　已知集合 $A=\{1,x,x^2-x\}$,$B=\{1,2,x\}$,若 $A=B$,求 x 的值.

解:由 $A=B$ 可得

$$x^2-x=2,$$

解得

$$x=-1\text{ 或 }x=2.$$

由集合中元素的互异性可知

$$x\neq 2,$$

所以

$$x=-1.$$

例 4　如果集合 $A=\{1,4,x\}$,$B=\{x^2,1\}$,并且 $B\subseteq A$,求 x 的值.

解:由 $B\subseteq A$ 可知

$$x^2\in A \text{ 且 } x^2\neq 1,$$

所以

$$x^2=4 \text{ 或 } x^2=x,$$

解得

$$x=\pm 2,\text{或 }x=0,\text{或 }x=1(\text{舍去}),$$

因此

$$x=\pm 2,\text{或 }x=0.$$

随堂练习

1. 判断题(对的划√,错的划×).

(1) $1\in\{0,1,2\}$;　(2) $\{1\}\in\{0,1,2\}$;　(3) $\{a,b\}\subseteq\{a,b\}$;

(4) $\{a,b,c\}=\{b,c,a\}$;　(5) $\{2,0\}\subset\{2,0,1\}$;　(6) $0=\varnothing$;

(7) $0\in\{0\}$;　(8) $\{0\}=\varnothing$;　(9) $\varnothing\subset\{0\}$;

(10) $0\subseteq\{a,b\}$;　(11) $\{0\}\subseteq\{a,b\}$;　(12) $\varnothing\in\{a,b\}$;

(13) $(2,1)\in\{(x,y)\,|\,3x+y-7=0,x\in\mathbf{R},y\in\mathbf{R}\}$;

(14) 空集是任何集合的真子集.

2. 用适当的符号填空.

$\varnothing$ _____ $\{x \mid x^2+1=0, x \in \mathbf{R}\}$，$\{2,1\}$ _____ $\{x \mid x^2-3x+2=0\}$，$\{0,1\}$ _____ $\mathbf{N}$.

3. 用适当的符号填空（$\in, \notin, \subseteq, \supseteq$）.

(1) $\{x \mid x$ 为大于 1 且小于 4 的整数$\}$ _____ $\{x \mid x$ 为小于 5 的质数$\}$；

(2) 4 _____ $\{x \mid x=4k+1, k \in \mathbf{Z}\}$；

(3) $\{a,b\}$ _____ $\{d,b,a\}$；

(4) $\{$等腰三角形$\}$ _____ $\{$等边三角形$\}$；

(5) $\mathbf{R}$ _____ $\mathbf{Z}$.

4. 写出集合 $\{1,2,4\}$ 的所有子集，并指出哪些是它的真子集.

5. 如果集合 $A=\{2,a^2,1\}$，$B=\{a,1\}$，并且 $B \subseteq A$，求 a 的值.

习题 1.2

A 组

1. 用 $\in$、$\notin$、$\subseteq$、$\supseteq$ 填空：

(1) $\mathbf{N}$ _____ R；　　　　(2) $\mathbf{N}_+$ _____ $\mathbf{N}$；　　　　(3) $\mathbf{Z}$ _____ $\mathbf{Q}$；

(4) 0 _____ $\mathbf{N}$；　　　　(5) $\{0\}$ _____ $\varnothing$；　　　　(6) $\mathbf{R}$ _____ $\varnothing$；

(7) $\mathbf{Z}$ _____ $\{0\}$；　　　　(8) $\{1,0\}$ _____ $\mathbf{Z}$.

2. 用适当的符号填空：

(1) 已知集合 $A=\{x \mid x-2<2x\}$，$B=\{x \mid x^2-2x-3=0\}$，则有

0 _____ A，　　-3 _____ B，　　$\{-1\}$ _____ B，　　B _____ A.

(2) 已知集合 $A=\{x \mid x^2-1=0\}$，则有

1 _____ A，　　$\{-1\}$ _____ A，　　$\varnothing$ _____ A，　　$\{-1,1\}$ _____ A.

3. 设集合 $A=\{a,b,c,d,e\}$，试写出含有元素 a,c 的集合 A 的子集.

4. 设集合 $A=\{1,2,3,4\}$，$B=\{x \in \mathbf{N} \mid x^2-a=0\}$，若满足 $B \subseteq A$，求实数 a 的值.

B 组

1. 已知集合 A、B、C，且 $A \subseteq B$，$A \subseteq C$，如果 $B=\{0,1,2,3,4\}$，$C=\{0,2,4,8\}$，则集合 A 中最多含有几个元素？

2. 已知 $A=\{x \mid -2 \leqslant x \leqslant 5\}$，$B=\{x \mid m+1 \leqslant x \leqslant 2m-1\}$，$B \subseteq A$，求 m 的取值范围.

3. 集合 $A=\{x \mid x^2+x-6=0\}$，$B=\{x \mid ax+1=0\}$，若 $B \subseteq A$，求 a 的值.

1.3 集合的基本运算

思考:我们知道,实数有四则运算,那么集合之间是否也有运算呢?
考察下列几个集合,你能说出集合 C 与集合 A、B 之间的关系吗?

(1) $A=\{0,1,2,3,4\}$,$B=\{2,4,6,8\}$,$C=\{2,4\}$;

(2) $A=\{x|x$ 是直角三角形$\}$,$B=\{x|x$ 是等腰三角形$\}$,$C=\{x|x$ 是等腰直角三角形$\}$.

1. 交集

容易看出,在上述问题中,集合 C 是由那些既属于集合 A 又属于集合 B 的所有元素组成的,这时,我们称集合 C 是集合 A 与集合 B 的交集.

一般地,对于给定的集合 A、B,由所有既属于 A 又属于 B 的元素组成的集合,叫作集合 A 与集合 B 的交集,记作 $A\cap B$,读作"A 交 B",即

$$A\cap B=\{x|x\in A,\text{且 }x\in B\}.$$

$A\cap B$ 用 Venn 图表示如下(阴影部分):

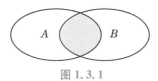

图 1.3.1

上述问题(1)(2)中,$A\cap B=C$.

例1 设 $A=\{1,3,5,7,9\}$,$B=\{1,2,3\}$,$C=\{5,7,9\}$,求 $A\cap B$,$A\cap C$,$B\cap C$.

解:$A\cap B=\{1,3\}$,$A\cap C=\{5,7,9\}$,$B\cap C=\varnothing$.

例2 (1) 设 $A=\{x|x>1\}$,$B=\{x|x\leqslant 3\}$,求 $A\cap B$;

(2) 设 $A=\{x|x>0\}$,$B=\{x|-2\leqslant x<3\}$,求 $A\cap B$;

(3) 设 $A=\{x|-2\leqslant x<2\}$,$B=\{x|0\leqslant x\leqslant 3\}$,求 $A\cap B$;

(4) 设 $A=\{x|x<-2\}$,$B=\{x|x\geqslant 3\}$,求 $A\cap B$.

解:(1) $A\cap B=\{x|1<x\leqslant 3\}$,

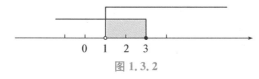

图 1.3.2

(2) $A\cap B=\{x|0<x<3\}$,

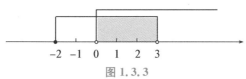

图 1.3.3

(3) $A \cap B = \{x | 0 \leqslant x < 2\}$,

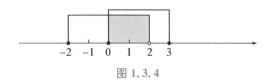

图 1.3.4

(4) $A \cap B = \varnothing$.

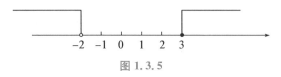

图 1.3.5

思考:(1) 下列关系式成立吗?
$$A \cap A = A, A \cap \varnothing = \varnothing, A \cap B = B \cap A, A \cap B \subseteq A, A \cap B \subseteq B.$$
(2) 什么情况下,下列关系式成立?
$$A \cap B = A, A \cap B = \varnothing.$$

2. 并集

考察下列集合,集合 C 与集合 A、B 之间有什么关系?

(1) $A = \{0, 1, 2, 3\}$,$B = \{2, 3, 4, 5\}$,$C = \{0, 1, 2, 3, 4, 5\}$;

(2) $A = \{x | x$ 是无理数$\}$,$B = \{x | x$ 是有理数$\}$,$C = \{x | x$ 是实数$\}$.

容易看出,在上述问题中,集合 C 是由所有属于集合 A 或属于集合 B 的元素组成的,这时,称集合 C 是集合 A 与集合 B 的并集.

一般地,对于给定的集合 A、B,由所有属于集合 A 或属于集合 B 的元素组成的集合,叫作集合 A 与集合 B 的并集,记作 $A \cup B$,读作"A 并 B",即
$$A \cup B = \{x | x \in A, \text{或} \ x \in B\}.$$
$A \cup B$ 用 Venn 图表示如下(阴影部分):

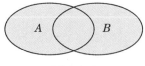

图 1.3.6

上述问题(1)(2)中,$A \cup B = C$.

例 3 设 $A = \{1, 3, 5, 7, 9\}$,$B = \{1, 2, 3\}$,$C = \{5, 7, 9\}$,求 $A \cup B$,$A \cup C$,$B \cup C$.

解:$A \cup B = \{1, 2, 3, 5, 7, 9\}$,$A \cup C = \{1, 3, 5, 7, 9\}$,$B \cup C = \{1, 2, 3, 5, 7, 9\}$.

例 4 (1) 设 $A = \{x | x > 0\}$,$B = \{x | -2 \leqslant x < 3\}$,求 $A \cup B$;

(2) 设 $A = \{x | -2 \leqslant x < 2\}$,$B = \{x | 0 \leqslant x \leqslant 3\}$,求 $A \cup B$;

(3) 设 $A = \{x | x \leqslant -2\}$,$B = \{x | x \geqslant 3\}$,求 $A \cup B$;

(4) 设 $A=\{x|x>1\}$,$B=\{x|x\leqslant 3\}$,求 $A\cup B$.

解:(1) $A\cup B=\{x|x\geqslant -2\}$,

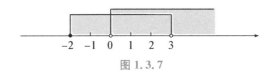

图 1.3.7

(2) $A\cup B=\{x|-2\leqslant x\leqslant 3\}$,

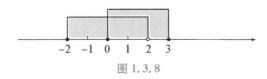

图 1.3.8

(3) $A\cup B=\{x|x\leqslant -2$ 或 $x\geqslant 3\}$,

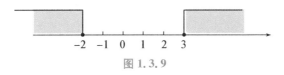

图 1.3.9

(4) $A\cup B=\mathbf{R}$.

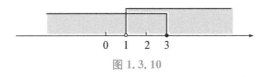

图 1.3.10

思考:(1) 下列关系式成立吗?

$A\cup A=A,A\cup\varnothing=A,A\cup B=B\cup A,A\subseteq A\cup B,B\subseteq A\cup B.$

(2) 什么情况下,下列关系式成立?

$A\cup B=A,A\cup B=\varnothing.$

3. 补集

观察下面三个集合,它们之间有什么关系?

$A=\{0,1,2,3\},B=\{4,5\},U=\{0,1,2,3,4,5\}.$

显然,集合 U 包含了集合 A 和 B 中的所有元素,集合 A、B 都是集合 U 的真子集,并且集合 B 是由 U 中不属于 A 的所有元素组成的集合,我们把集合 U 称为全集,集合 B 称为 A 在 U 中的补集.

一般地,如果一个集合含有我们所研究问题中涉及的所有元素,那么就称这个集合为全集,通常记为 U.

例如,在实数范围内讨论集合时,$\mathbf{R}$ 就可以看作一个全集 U;在有理数范围内讨论集合时,有理数集就可以看作一个全集 U.

对于一个集合 A，假设 $A \subseteq U$，由全集 U 中不属于集合 A 的所有元素组成的集合称为集合 A 在 U 中的补集，记为 $\complement_U A$，读作"A 在 U 中的补集"，即

$$\complement_U A = \{x \mid x \in U, \text{且 } x \notin A\}.$$

$\complement_U A$ 用 Venn 图表示如下（阴影部分）：

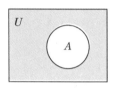

图 1.3.11

上述问题中，$B = \complement_U A$，$A = \complement_U B$。

例 5 设 $U = \{1,2,3,4,5,6,7\}$，$A = \{2,3\}$，$B = \{2,5,7\}$，求 $\complement_U A$，$\complement_U B$。

解：$\complement_U A = \{1,4,5,6,7\}$，$\complement_U B = \{1,3,4,6\}$。

例 6 设 $U = R$，$A = \{x \mid x > 2\}$，$B = \{x \mid x \leqslant 0\}$，$D = \{x \mid 1 \leqslant x < 3\}$，求：

(1) $\complement_U A$，$\complement_U B$，$\complement_U D$；(2)将(1)中的结果在数轴上表示出来。

解：(1) $\complement_U A = \{x \mid x \leqslant 2\}$，$\complement_U B = \{x \mid x > 0\}$，$\complement_U D = \{x \mid x < 1 \text{ 或 } x \geqslant 3\}$；

(2) 它们在数轴上表示分别如下阴影：

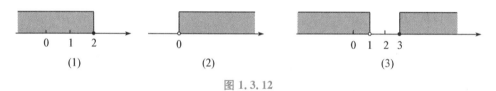

图 1.3.12

例 7 设全集 $U = \{x \mid x \text{ 是三角形}\}$，$A = \{x \mid x \text{ 是直角三角形}\}$，$B = \{x \mid x \text{ 是锐角三角形}\}$，求 $A \cap B$，$\complement_U(A \cup B)$。

解：根据三角形的分类可知，$A \cap B = \varnothing$，

$A \cup B = \{x \mid x \text{ 是直角三角形或锐角三角形}\}$，

$\complement_U(A \cup B) = \{x \mid x \text{ 是钝角三角形}\}$。

随堂练习 ▶

1. 求下列集合的交集与并集：

(1) $A = \{4,5,6,8\}$，$B = \{3,5,7,8\}$；

(2) $A = \{x \mid -5 < x < 2\}$，$B = \{x \mid -1 \leqslant x \leqslant 3\}$；

(3) $A = \{x \mid x \leqslant 2\}$，$B = \{x \mid x \leqslant 5\}$；

(4) $A = \{x \mid x > 2\}$，$B = \{x \mid x > 3\}$；

(5) $A = \{x \mid x \geqslant 4\}$，$B = \{x \mid x < 6\}$；

(6) $A = \{x \mid x \text{ 是菱形}\}$，$B = \{x \mid x \text{ 是平行四边形}\}$；

(7) $A = \{x \mid x \text{ 是锐角三角形}\}$，$B = \{x \mid x \text{ 是直角三角形}\}$。

2. 设 $A=\{0,1,2,3\}$，$B=\{1,3,5,7\}$，$C=\{2,4,6,8\}$，则 $(A\cup B)\cap C=$_____．

3. 若 $M=\{x|x^2-x=0\}$，$N=\{x|x^2+x=0\}$，求 $M\cap N$，$M\cup N$．

4. 已知 $I=\{$小于 9 的正整数$\}$，$A=\{1,2,3,4,5\}$，则 $\complement_I A=$_____；

5. 已知 $U=\{$10 以内的素数$\}$，$B=\{2,7\}$，则 $\complement_U B=$_____；

6. 若 $A=\{x|3\leqslant x<7\}$，则 $\complement_R A=$_____；

7. 设全集 $U=\{x|x\geqslant 0\}$，$A=\{x|x>5\}$，则 $\complement_U A=$_____；

8. 若全集 $U=Z$，那么 N 的补集 $\complement_U N=$_____．

习题 1.3

A 组

1. 已知 $A=\{x|x\leqslant 5, x\in\mathbf{N}_+\}$，$B=\{0,3,5,7,9\}$，求 $A\cap B$，$A\cup B$．

2. 已知 $U=R$，$A=\{x|3x-7\geqslant 8-2x\}$，$B=\{x|1\leqslant x<4\}$，$C=\{x|x\leqslant 2\}$．求：

(1) $A\cap B$，$A\cap C$，$B\cap C$；　　　(2) $A\cup B$，$A\cup C$，$B\cup C$；

(3) $A\cup(B\cup C)$，$A\cup(B\cap C)$．

3. 已知 $U=R$，$A=\{x|x\geqslant 4\}$，$B=\{x|x<0\}$，$C=\{x|x\geqslant -1\}$．求：

(1) $A\cap B$，$A\cap C$，$B\cap C$；

(2) $\complement_U(A\cup B)$，$\complement_U(A\cap C)$，$\complement_U(B\cap C)$；

(3) $(\complement_U A)\cup(\complement_U B)$，$(\complement_U A)\cap(\complement_U B)$，$\complement_U(A\cap B)$，$\complement_U(A\cup B)$．

(4) 观察(3)的计算结果，你能得出什么结论？

4. 已知 $U=\{x|x$ 是平行四边形或梯形$\}$，$A=\{x|x$ 是平行四边形$\}$，$B=\{x|x$ 是菱形$\}$，$C=\{x|x$ 是矩形$\}$，求 $B\cap C$，$B\cup C$，$\complement_U A$，$\complement_A B$．

5. $U=\{x|-5\leqslant x<-2$，或 $2<x\leqslant 5, x\in\mathbf{Z}\}$，$A=\{x|x^2-2x-15=0\}$，$B=\{-3,3,4\}$，求 $\complement_U A$，$\complement_U B$．

6. 如果 $A=\{3,4,m^2-3m-1\}$，$B=\{2m,-3\}$，并且 $A\cap B=\{-3\}$，求 m 的值．

B 组

1. 求满足条件 $\{1,3\}\cup A=\{1,3,5\}$ 的所有集合 A．

2. 若集合 $A=\{x|-2<x<4\}$，$B=\{x|x-m<0\}$．

(1) 若 $A\cap B=\varnothing$，求实数 m 的取值范围；

(2) 若 $A\cap B=A$，求实数 m 的取值范围．

3. 已知全集 $U=\{x\in\mathbf{N}|0\leqslant x<10\}$，且 $U=A\cup B$，$A\cap(\complement_U B)=\{1,3,5,7\}$，试求集合 B．

4. 共有 50 名学生参加甲、乙两项体育活动，每人至少参加了一项，参加甲项的学生有 30 名，参加乙项的学生有 25 名，则仅参加了一项活动的学生有多少人？

➤ 扫描本章二维码,阅读"集合中的容斥原理".

本章小结

一、本章知识结构

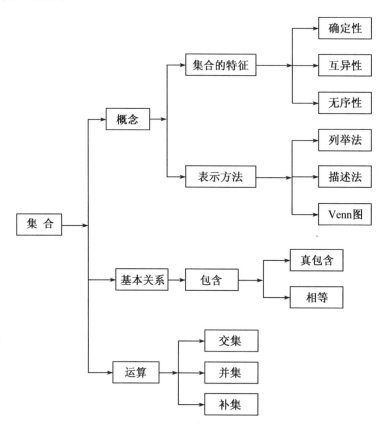

二、回顾与思考

1. 集合的基本概念

（1）集合与元素

将一些确定的、不同的对象集在一起,就组成了一个集合,集合中的每个对象叫作这个集合中的元素.不含有任何元素的集合称为空集,记作 $\varnothing$.

如果元素 a 是集合 A 中的元素,就说 a 属于集合 A,记作 $a \in A$.

（2）集合按照元素的多少可分为有限集与无限集.

（3）常见的数集:$\mathbf{N}$(自然数集),$\mathbf{N}_+$(正整数集),$\mathbf{Z}$(整数集),$\mathbf{Q}$(有理数集),$\mathbf{R}$(实数集).

（4）集合的三特性:确定性,互异性,无序性.

（5）集合的表示方法:列举法,描述法,韦恩图法.

思考:（1）0、{0}、$\varnothing$ 之间有什么关系?（2）数集与点集有什么区别?如何表示点集?

2. 集合间的基本关系

(1) 子集:如果集合 A 中的每一个元素都是集合 B 中的元素,即若 $x \in A$,则 $x \in B$,则说这两个集合有包含关系,称集合 A 是集合 B 的子集,记为 $A \subseteq B$(或 $B \supseteq A$).

(2) 真子集:如果集合 A 中的每一个元素都是集合 B 中的元素,但是集合 B 中至少有一个元素不在集合 A 中,即 $A \subseteq B$,但存在元素 $x \in B$,且 $x \notin A$,则称集合 A 是集合 B 的真子集,记为 $A \subset B$ 或(或 $A \supset B$).

(3) 集合相等:一般地,如果集合 A 是集合 B 的子集,且集合 B 又是集合 A 的子集,即 $A \subseteq B$,且 $B \subseteq A$,则称这两个集合相等. 记作:$A = B$.

思考:(1) 子集与真子集有什么区别?(2) 符号"$\in$"与"$\subseteq$"有什么区别?何时用"$\in$",何时用"$\subseteq$"?

3. 集合间的运算

集合的运算有交集、并集、补集运算,其定义、表示、图示如下:

名称	A、B 的交集	A、B 的并集	U 中子集 A 的补集
符号	$A \cap B$	$A \cup B$	$\complement_U A$
定义	$A \cap B = \{x \mid x \in A \text{ 且 } x \in B\}$	$A \cup B = \{x \mid x \in A \text{ 或 } x \in B\}$	$\complement_U A = \{x \mid x \in U \text{ 且 } x \notin A\}$
图示			

思考:(1) 与不等式有关的集合的交、并、补集运算,如何求解比较方便?
(2) 如何用实数之间的关系与运算类比集合间的关系与运算?

复习参考题

A 组

一、选择题

1. 下列各组对象中不能形成集合的是( ).
   A. 所有的三角形　　　　　　B. 《数学》课本中所有的习题
   C. 所有的数学难题　　　　　D. 所有的无理数

2. 下列关系中正确的是( ).
   A. $\frac{1}{2} \in \mathbf{Z}$ 　　B. $\sqrt{2} \in \mathbf{Q}$ 　　C. $-3 \in \mathbf{N}$ 　　D. $\pi \in \mathbf{R}$

3. 已知集合 $M = \{x \mid 0 \leqslant x < 4, x \in \mathbf{Z}\}$,则 M 中元素的个数是( ).
   A. 3个　　　　B. 4个　　　　C. 5个　　　　D. 无数个

4. 下面表示空集的符号是（　　）.

A. 0　　B. {0}　　C. ∅　　D. {∅}

5. 用列举法表示集合 $\{x\mid x^2-2x+1=0\}$ 为（　　）.

A. {1,1}　　B. {1}　　C. {x=1}　　D. $\{x^2-2x+1=0\}$

6. 已知集合 $A=\{x\in\mathbf{N}^*\mid-\sqrt5\leqslant x\leqslant\sqrt5\}$，则必有（　　）.

A. $-1\in A$　　B. $0\in A$　　C. $\sqrt3\in A$　　D. $1\in A$

7. 下列关系：① $1\in\{0,1,2\}$；② $\{1\}\in\{0,1,2\}$；③ $\varnothing\subseteq\{0,1,2\}$；④ $\{0,1,2\}\subseteq\{0,1,2\}$；⑤ $\{0,1,2\}=\{2,0,1\}$. 其中错误的个数为（　　）.

A. 1　　B. 2　　C. 3　　D. 4

8. 设集合 $U=\{1,2,3,4,5\}$，$A=\{1,2,3\}$，$B=\{2,5\}$，则 $A\cap(\complement_U B)$ 等于（　　）.

A. {2}　　B. {2,3}　　C. {3}　　D. {1,3}

9. 已知 $A=\{(x,y)\mid x+y=1\}$，$B=\{(x,y)\mid x-y=3\}$，则 $A\cap B=$（　　）.

A. {(2,-1)}　　B. {(-1,2)}　　C. {-1,2}　　D. {x=-1,y=2}

10. 已知集合 $S=\{x\mid x\leqslant1\}$，$T=\{x\mid x\leqslant4\}$，则 $S\cup T=$（　　）.

A. $\{x\mid x\leqslant1\}$　　B. $\{x\mid x\leqslant4\}$　　C. $\{x\mid 1\leqslant x\leqslant4\}$　　D. $\{x\mid x\leqslant1$ 或 $x\geqslant4\}$

二、填空题

1. 集合 $\{1,2,3\}$ 的子集有 ＿＿＿＿ 个，真子集有 ＿＿＿＿ 个，非空真子集有 ＿＿＿＿ 个.

2. 已知集合 $A=\{1,a^2\}$，实数 a 不能取的值的集合是 ＿＿＿＿.

3. 若 $A=\{x\mid3\leqslant x<7\}$，则 $\complement_R A=$ ＿＿＿＿.

4. 已知 $I=\{$ 小于 9 的正整数 $\}$，$A=\{1,2,3,4,5\}$，$B=\{3,4,5,6\}$，则 $(\complement_I A)\cup(\complement_I B)=$ ＿＿＿＿.

三、解答题

1. 选择适当的方法表示下列集合：

(1) 由方程 $x(x^2-2x-3)=0$ 的所有实数根组成的集合；

(2) 大于 2 且小于 6 的有理数组成的集合；

(3) 由直线 $y=-x+4$ 上的横坐标和纵坐标都是自然数的点组成的集合.

2. 集合 $A=\{1,3,a\}$，$B=\{a^2\}$，且 $B\subseteq A$，求实数 a 的取值的集合.

3. 已知集合 $A=\{x\mid2\leqslant x<4\}$，$B=\{x\mid3x\geqslant8-2x\}$，求 $A\cup(\complement_R B)$.

4. 设 $U=R$，$A=\{x\mid3\leqslant x<7\}$，$B=\{x\mid2<x<10\}$，求：

(1) $A\cup B$；　　　　(2) $(\complement_U A)\cup(\complement_U B)$.

B 组

1. 设 A 表示集合 $\{a^2+2a-3,2,3\}$，B 表示集合 $\{2,\mid a+3\mid\}$，已知 $5\in A$ 且 $5\notin B$，求 a 的值.

2. 已知集合 $A=\{x\mid ax^2-3x-4=0,x\in\mathbf{R}\}$.

（1）若 A 中有两个元素，求实数 a 的取值范围；

（2）若 A 中至多有一个元素，求实数 a 的取值范围.

3. 已知集合：$A=\{x\mid -1<x\leqslant 5\}$，$B=\{x\mid m-5\leqslant x\leqslant 2m+3\}$，且 $A\subseteq B$，求实数 m 的取值范围.

4. 已知集合 $A=\{(x,y)\mid 2x-y=0\}$，$B=\{(x,y)\mid 3x+y=0\}$，$C=\{(x,y)\mid 2x-y=3\}$，求：$A\cap C$，$(A\cap B)\cup(B\cap C)$.

5. 已知集合 $A=\{1,x,y\}$，$B=\{x,x^2,xy\}$，如果 $A=B$，求实数 x、y 的值.

6. 学校举办运动会时，某班共有 28 名同学参加比赛，有 15 人参加游泳比赛，有 8 人参加田径比赛，有 14 人参加球类比赛，同时参加游泳比赛和田径比赛的有 3 人，同时参加游泳比赛和球类比赛的有 3 人，没有人同时参加三项比赛. 同时参加田径和球类比赛的有多少人？只参加游泳一项比赛的有多少人？

➤ 扫描本章二维码，阅读"集合论简介".

第二章　不等式

微信扫一扫
获取本章资源

　　在日常生活中，人们经常用长与短、高与矮、轻与重、大与小、不超过或不少于等来描述某种客观事物在数量上存在的不等关系，这样的结果用数学语言来描述，就是不等式。不等关系是客观事物的基本数量关系，是数学研究的重要内容。建立不等观念、处理不等关系与处理等量问题是同样重要的。各类不等式的解法、性质是数学学科要研究的重要内容之一，也是学习数学的重要基础，在数学研究与数学应用中起着重要的作用。

　　本章中，我们将通过具体情境，感受在现实世界和日常生活中存在的大量的不等关系，理解不等式对于刻画不等关系的意义和价值，学习不等式的性质，掌握一元二次不等式、绝对值不等式、简单分式不等式的解法，认知基本不等式及其简单应用，学会几种常用的证明不等式的方法。通过不等式与函数、方程的联系，提高对数学各个部分内容之间联系性的认识，学会全面、联系地看问题。

本章学习目标

通过本章的学习，将实现以下学习目标：

* 了解现实生活中存在的大量的不等关系，理解不等式的基本性质
* 掌握一元二次不等式、简单分式不等式和绝对值不等式的解法
* 理解基本不等式，能够使用基本不等式解决一些简单的实际问题
* 学会比较法、分析法和综合法等几种常用的证明不等式的方法
* 学会全面的、联系地看问题，掌握化归和转化的数学思想

2.1 不等式的概念与性质

2.1.1 不等式

现实世界和日常生活中,既有相等关系,又存在不等关系.两点之间线段最短,三角形两边之和大于第三边、两边之差小于第三边,等等.人们还经常用长与短、高与矮、轻与重、大与小、不超过或不少于等来描述某种客观事物在数量上存在的不等关系,这样的结果用数学语言来描述,就是不等式.

在数学中,常用不等式来表示不等关系.例如,某地某天的天气预报报道,当地当日的最高气温 35 ℃,最低气温 26 ℃.这个结果用数学方法表述就是:$26 \leqslant t \leqslant 35$(其中 t 表示某地某天的气温);某公路立交桥对通过车辆的高度 h "限高 4 m",用不等式表示就是 $h < 4$.

我们经常应用不等式来研究含有不等关系的问题.下列来看几个具体问题:

【问题 1】 设点 A 与直线 a 的距离为 d,点 B 为直线 a 上的任意一点,则 $|AB| \geqslant d$.

【问题 2】 某文具店购进一批新型台灯,若按每盏台灯 15 元的价格销售,每天能够卖出 30 盏;若售价每提高 1 元,日销售量将减少 2 盏.若把提价后台灯的定价设为 x 元,怎样用不等式表示每天获得的销售收入高于 400 元呢?

分析:若台灯的定价为 x 元,则销售的总收入为 $[30 - 2 \cdot (x - 15)]x$ 元,那么不等关系"销售收入高于 400 元"可以表示为不等式

$$[30 - 2 \cdot (x - 15)]x > 400.$$

【问题 3】 某市环境保护管理局为增加城市的绿地面积,提出两个投资方案:方案甲为一次性投资 500 万元;方案乙为第一年投资 5 万元,以后每年都比前一年增加 10 万元.经过多少年后,方案乙的投入不少于方案甲的投入? 如何使用不等式表示其中的不等关系?

分析:假设经过 x 年后,方案乙的投入为 $\left(5x + \dfrac{(x-1)x}{2} \cdot 10\right)$ 万元.那么不等关系"方案乙的投入不少于方案甲的投入"可以表示为不等式

$$5x + \dfrac{(x-1)x}{2} \cdot 10 \geqslant 500.$$

为了利用不等式研究不等关系,有必要了解不等式的性质.

思考:对于任意实数 a, b,

(1) 如果 $a > b$,那么 $a - b$ _____ 0;如果 $a - b > 0$,那么 a _____ b;

(2) 如果 $a = b$,那么 $a - b$ _____ 0;如果 $a - b = 0$,那么 a _____ b;

(3) 如果 $a < b$,那么 $a - b$ _____ 0;如果 $a - b < 0$,那么 a _____ b.

由以上思考很容易得出结论:

$$a > b \Leftrightarrow a - b > 0;$$

$$a=b \Leftrightarrow a-b=0;$$
$$a<b \Leftrightarrow a-b<0.$$

上面的符号"$\Leftrightarrow$"表示"等价于",即从左边可以推出右边,并且从右边也可以推出左边.这三个等价关系提供了比较实数大小的方法,即要比较两个实数的大小,只需考察它们的差与0的关系.

例 1 比较$(a+3)(a-4)$与$(a+2)(a-3)$的大小.

解:因为
$$(a+3)(a-4)-(a+2)(a-3)$$
$$=(a^2-a-12)-(a^2-a-6)$$
$$=-6<0.$$

所以 $(a+3)(a-4)<(a+2)(a-3).$

例 2 已知$x\neq 0$,比较$(x^2+1)^2$与x^4+x^2+1的大小.

解:
$$(x^2+1)^2-(x^4+x^2+1)$$
$$=x^4+2x^2+1-x^4-x^2-1$$
$$=x^2,$$

由$x\neq 0$,得$x^2>0$.

因此 $(x^2+1)^2>x^4+x^2+1.$

> **想一想:**
> 本例中,若去掉条件$x\neq 0$,那么比较的结果如何?

随堂练习

1. 用不等式表示下列不等关系:

(1) a 与 b 的和是非负数;

(2) 限速 40 km/h 的路标,指示司机在前方路段行驶时,应使汽车的速度 v 不超过 40 km/h;

(3) 某次数学测验,共有 16 道题,答对一题得 6 分,答错一题扣 2 分,不答则不扣分,某同学有一道题未答,那么这个学生至少答对多少题,成绩才能在 60 分以上;

(4) 某种杂志原以每本 2.5 元的价格销售,可以售出 10 万本.根据市场调查,若单价每提高 0.1 元,销售量就相应减少 2000 本.若把提价后杂志的定价设为 x,怎样用不等式表示销售的总收入不减少呢?

2. 比较下列各组中两个代数式的大小:

(1) $(x+4)(x+8)$与$(x+6)^2$; (2) x^2+5x+6 与 $2x^2+5x+9$;

(3) x^2+3 与 $2x+2$; (4) $2x^2-3$ 与 x^2+x-6.

2.1.2 不等式的性质

> **思考:**等式具有哪些基本性质? 不等式是否具有类似的性质呢?

从实数的基本性质出发,可以证明下列常用的不等式的基本性质:

性质 1 如果 $a>b$,那么 $b<a$;如果 $b<a$,那么 $a>b$. 即

$$a>b \Leftrightarrow b<a.$$

性质 2 如果 $a>b,b>c$,那么 $a>c$. 即

$$a>b,b>c \Rightarrow a>c.$$

根据性质 1,性质 2 还可以推出

$$a<b,b<c \Rightarrow a<c.$$

这个性质叫**不等式的传递性**,这种传递性可以推广到 n 个不等式的情形.

性质 3 如果 $a>b$,那么 $a+c>b+c$. 即

$$a>b \Rightarrow a+c>b+c.$$

这就是说,不等式的两边都加上同一个实数,所得不等式与原不等式同向.

注意:(1) 在两个不等式中,如果每一个不等式的左边都大于(或小于)右边,这两个不等式是**同向不等式**;如果一个不等式的左边大于(或小于)右边,而另一个不等式的左边小于(或大于)右边,这两个不等式是**异向不等式**.

(2) 利用性质 3 可以得出

$$a+b>c \Rightarrow a>c-b.$$

也就是说,不等式中任何一项改变符号后,可以把它从一边移到另一边(即移项).这是不等式移项的依据.

性质 4 如果 $a>b,c>d$,那么 $a+c>b+d$. 即

$$a>b,c>d \Rightarrow a+c>b+d.$$

这说明,两个同向不等式相加,所得不等式与原不等式同向.

性质 5 如果 $a>b,c>0$,那么 $ac>bc$;如果 $a>b,c<0$,那么 $ac<bc$.

这就是说,不等式两边都乘以同一个正数,不等号不改变方向;不等式两边都乘同一个负数,不等号反向.

性质 6 如果 $a>b>0,c>d>0$,那么 $ac>bd$.

这说明,两边都是正数的同向不等式相乘,所得的不等式和原不等式同向.

性质 7 如果 $a>b>0$,那么 $a^n>b^n>0(n\in \mathbf{N},n>1)$.

这说明,当不等式的两边都是正数时,不等式两边同时乘方所得的不等式和原不等式同向.

例 3 已知 $a<b,c>d$,求证:$a-c<b-d$.

证明:因为 $c>d$,所以

$$-c<-d,$$

又因为 $a<b$,所以

$$a-c<b-d.$$

例 4 已知 $a>b>0,m<0$,求证:$\dfrac{m}{a}>\dfrac{m}{b}$.

证明:因为 $a>b>0$,所以

$$ab>0,\frac{1}{ab}>0,$$

于是
$$a \cdot \frac{1}{ab} > b \cdot \frac{1}{ab},$$

即
$$\frac{1}{b} > \frac{1}{a},$$

亦即
$$\frac{1}{a} < \frac{1}{b},$$

又因为 $m<0$，所以
$$m \cdot \frac{1}{a} > m \cdot \frac{1}{b},$$

即
$$\frac{m}{a} > \frac{m}{b}.$$

例 5 已知 $2<m<8, 6<n<24$，求 $m+n, m-n, m \cdot n, \frac{m}{n}$ 的取值范围.

分析：解本题的关键是求出 $-n$ 和 $\frac{1}{n}$ 的取值范围，然后再根据同向不等式的可加性及两边都是正数的同向不等式的可乘性，问题就能得到解决.

解：由题可知，$8<m+n<32, 12<m \cdot n<192$.

由 $6<n<24$，可得
$$-24<-n<-6.$$

又 $2<m<8$，所以
$$-22<m-n<2.$$

由 $6<n<24$，可得
$$\frac{1}{24} < \frac{1}{n} < \frac{1}{6},$$

又 $2<m<8$，所以
$$\frac{1}{12} < \frac{m}{n} < \frac{4}{3}.$$

随堂练习

1. 判断下列命题是否正确，真命题要说明依据，假命题要举出反例：

(1) 若 $a>b$，则 $ac^2>bc^2$；　　(2) 若 $ac^2>bc^2$，则 $a>b$；

(3) 若 $a<b$，则 $\frac{a}{c}<\frac{b}{c}$；　　(4) 若 $c>a>b>0$，则 $\frac{a}{c-a}>\frac{b}{c-b}$；

(5) 若 $a>b, \frac{1}{a}>\frac{1}{b}$，则 $a>0,b<0$；　　(6) 若 $a>b>0$，则 $\frac{1}{a^n}<\frac{1}{b^n}$ $(n\in\mathbf{N}$，且 $n>1)$.

2. 用不等号"$>$"或"$<$"填空：

(1) $a>b>0, c<d<0 \Rightarrow ac$ _____ bd；

(2) $a>b>0 \Rightarrow \sqrt[3]{a}$ _____ $\sqrt[3]{b}$；

(3) $a>b>0 \Rightarrow \frac{1}{a^2}$ _____ $\frac{1}{b^2}$；

(4) $a>b,c>d \Rightarrow a-2d$ _____ $b-2c$;

(5) $a<b<0 \Rightarrow |a|$ _____ $|b|$.

习题 2.1

A 组

1. 比较下列各组中两个代数式的大小:

(1) $(x-1)(x-2)$ 与 $(x+3)(x-6)$;

(2) $(x^2+2)^2$ 与 x^4+3x^2+4;

(3) $(x-4)(x+2)$ 与 $(2x-5)(x-2)$;

(4) 当 $a<1$ 时, $\dfrac{1}{1-a}$ 与 $1+a$.

2. 已知 $x>0$,求证: $\sqrt{1+x}<1+\dfrac{x}{2}$.

3. 用符号"$<$","$>$"填空:

(1) 若 $a<b$,那么 $-a$ _____ $-b$;

(2) 若 $a<b<0$,则 $\dfrac{1}{a}$ _____ $\dfrac{1}{b}$;

(3) 若 $a>b>c>0$,则 $\dfrac{c}{a}$ _____ $\dfrac{c}{b}$;

(4) 若 $a>b>0,c>d>0$,则 $\dfrac{d}{a}$ _____ $\dfrac{c}{b}$.

4. 求证:

(1) $a>b,c>d,e>0 \Rightarrow d-ae<c-be$;

(2) $a>b>0,c<0 \Rightarrow \dfrac{c}{a}>\dfrac{c}{b}$;

(3) $a>b>0,d>c>0 \Rightarrow \dfrac{a}{c}>\dfrac{b}{d}$.

B 组

1. 比较下列各组中两个代数式的大小:

(1) 当 $x>1$ 时, x^3 与 x^2-x+1;

(2) x^2+y^2+1 与 $2(x+y-1)$.

2. 求证:

(1) $a>b>0,c>d>0 \Rightarrow \sqrt{\dfrac{a}{d}}>\sqrt{\dfrac{b}{c}}$;

（2）$a > b > 0, c < d < 0 \Rightarrow \dfrac{b}{a-c} < \dfrac{a}{b-d}$.

3. 已知 $20 < a < 34, 24 < b < 60$，求 $a+b$、$a-b$、$\dfrac{a}{b}$ 的取值范围.

2.2 不等式的解法

在初中学习过一元一次不等式、一元一次不等式组的解法，现在进一步学习一元二次不等式、简单的分式不等式和含绝对值的不等式的解法.

2.2.1 一元二次不等式

引例：幼儿园要在一块边长是 8 米的正方形花园里种植花卉，要求四周种黄杨（黄杨带的宽度相同），中间种花卉，并且花卉的面积不少于总面积的 $\dfrac{9}{16}$，问黄杨带的宽度的范围应为多少？

分析：设黄杨带的宽度是 x 米（$0 < x < 4$），由题意可得

$$(8-2x)^2 \geqslant \frac{9}{16} \times 8 \times 8,$$

整理得 $\qquad x^2 - 8x + 7 \geqslant 0.$ ①

图 2.2.1

这是一个关于 x 的一元二次不等式. 只要求得满足不等式①的解集，就得到了问题的答案.

像①式这样，只含有一个未知数，并且未知数的最高次数为 2 的整式不等式，称为一元二次不等式. 它的一般形式是

$$ax^2 + bx + c > 0 \text{ 或 } ax^2 + bx + c < 0, \text{其中} a \neq 0.$$

如何求不等式①的解集呢？下面我们利用二次函数的图像来讨论一元二次不等式 $x^2 - 8x + 7 \geqslant 0$ 的解法.

（1）先来考察①式与二次函数 $y = x^2 - 8x + 7$ 以及方程 $x^2 - 8x + 7 = 0$ 的关系. 一元二次方程 $x^2 - 8x + 7 = 0$ 有两个实根 $x_1 = 1, x_2 = 7$. 而 $x_1 = 1, x_2 = 7$ 是二次函数 $y = x^2 - 8x + 7$ 与 x 轴的两个交点的横坐标（图 2.2.2）.

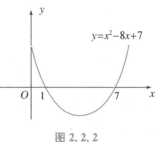

图 2.2.2

（2）观察函数图像可知，二次函数 $y = x^2 - 8x + 7$ 与 x 轴的两个交点 $(1, 0)$ 和 $(7, 0)$ 将 x 轴分成了三段：

①当 $x < 1$ 或 $x > 7$ 时，函数图像位于 x 轴上方，此时 $y > 0$，即 $x^2 - 8x + 7 > 0$；

②当 $1 < x < 7$ 时，函数图像位于 x 轴下方，此时 $y < 0$，即 $x^2 - 8x + 7 < 0$.

所以，一元二次不等式 $x^2 - 8x + 7 \geqslant 0$ 的解集是

$$\{x\,|\,x\leqslant 1 \text{ 或 } x\geqslant 7\}.$$

思考: 你能从上述解法中归纳出求解一元二次不等式 $ax^2+bx+c>0$ 的一般步骤吗?

对于一元二次方程 $ax^2+bx+c=0(a>0)$,设其判别式 $\Delta=b^2-4ac$,它的解按照 $\Delta>0$, $\Delta=0$,$\Delta<0$ 可分为三种情况. 相应地,函数的图像与 x 轴的位置关系也分为三种情况. 因此需要可以分三种情况来讨论对应的一元二次不等式 $ax^2+bx+c>0(a>0)$ 的解集.

根据上述方法,我们可以得到下表,请将下表补充完整.

判别式 $\Delta=b^2-4ac$	$\Delta>0$	$\Delta=0$	$\Delta<0$
二次函数 $y=ax^2+bx+c(a>0)$ 的图像			
一元二次方程 $ax^2+bx+c=0(a>0)$ 的根			没有实数根
一元二次不等式 $ax^2+bx+c>0(a>0)$ 的解集		$\{x\,|\,x\neq x_1\}$	
一元二次不等式 $ax^2+bx+c<0(a>0)$ 的解集		$\varnothing$	

思考: 对于 $a<0$ 的情形,如何求 $ax^2+bx+c>0$ 或 $ax^2+bx+c<0$ 的解集?

例 1 解下列不等式:

(1) $x^2+3x+2>0$;

(2) $9x^2-6x+1>0$;

(3) $-3x^2+6x\geqslant 2$;

(4) $2x^2<5x-4$.

解:(1) 因为 $\Delta=b^2-4ac=1>0$,

所以方程 $x^2+3x+2=0$ 有两个不相等的实根

$$x_1=-1,x_2=-2,$$

因此,原不等式的解集是

$$\{x\,|\,x<-2,\text{或 } x>-1\}.$$

(2) 因为 $\Delta=b^2-4ac=0$,

所以方程 $9x^2-6x+1=0$ 有两个相等的实根

$$x_1=x_2=\frac{1}{3},$$

因此,原不等式的解集是

$$\left\{x \mid x \neq \frac{1}{3}\right\}.$$

(3) 原不等式可以变为 $3x^2-6x+2 \leqslant 0$.

因为 $\Delta=b^2-4ac=12>0$,

所以方程 $3x^2-6x+2=0$ 有两个不相等的实根

$$x_1=1-\frac{\sqrt{3}}{3}, x_2=1+\frac{\sqrt{3}}{3},$$

因此不等式 $3x^2-6x+2 \leqslant 0$ 的解是 $1-\frac{\sqrt{3}}{3} \leqslant x \leqslant 1+\frac{\sqrt{3}}{3}$,

故原不等式的解集是

$$\left\{x \mid 1-\frac{\sqrt{3}}{3} \leqslant x \leqslant 1+\frac{\sqrt{3}}{3}\right\}.$$

(4) 原不等式可以变为 $2x^2-5x+4<0$.

因为 $\Delta=b^2-4ac<0$,

所以方程 $2x^2-5x+4=0$ 没有实数解,

因此不等式 $2x^2-5x+4<0$ 的解集是 $\varnothing$,故原不等式 $2x^2<5x-4$ 的解集是 $\varnothing$.

例 2 一个车辆制造厂引进了一条摩托车整车装配流水线,这条流水线生产的摩托车数量 x(辆)与创造的价值 y(元)之间有如下的关系:

$$y=-2x^2+220x.$$

若这家工厂希望在一个星期内利用这条流水线创收 6000 元以上,那么它在一个星期内大约应该生产多少辆摩托车?

解:设在一个星期内大约应该生产 x 辆摩托车.根据题意,可以得到

$$-2x^2+220x>6000.$$

整理得 $\qquad x^2-110x+3000<0.$

因为 $\Delta=100>0$,

所以方程 $x^2-110x+3000=0$ 有两个不相等的实根

$$x_1=50, x_2=60.$$

因此,一元二次不等式 $x^2-110x+3000<0$ 的解为

$$50<x<60.$$

又因为 x 只能取整数,所以,当这条摩托车整车装配流水线在一周内生产的摩托车数量在 51—59 辆之间时,这家工厂能够获得 6000 元以上的利润.

随堂练习 ▶

1. 解下列不等式:

(1) $x^2-3x+2 \leqslant 0$;　　　(2) $-2+3x-2x^2 \leqslant 0$;　　　(3) $x(x-1)>0$;

(4) $x^2-4<0$;　　　(5) $x^2+2x+1 \leqslant 0$;　　　(6) $-2x^2+x+\frac{1}{2} \leqslant 0$.

2. 已知方程 $ax^2+bx+c=0$ 的两个根是 -1、4，若 $a>0$，那么 $ax^2+bx+c>0$ 的解集是_____，$ax^2+bx+c<0$ 的解集是_____.

3. 自变量 x 在什么范围取值时，下列函数的值等于 0？大于 0？小于 0？

(1) $y=3x^2-6x+2$；　　　　(2) $y=16-x^2$；

(3) $y=x^2+8x+10$；　　　　(4) $y=-3x^2+12x-12$.

2.2.2　简单分式不等式

形如 $\dfrac{P(x)}{Q(x)}>0$ 或 $\dfrac{P(x)}{Q(x)}<0$ 等形式的不等式，即分母中含有未知数的不等式叫作分式不等式. 例如：$\dfrac{2x+1}{x-2}>0$、$\dfrac{1}{x-2}<2$ 等都是分式不等式.

如何求解分式不等式？能否将分式不等式化为整式不等式，再求解？下面举例说明.

例3　解不等式 $\dfrac{x+1}{x-2}>0$.

法一：原不等式可化为

$$\begin{cases}x+1>0\\x-2>0\end{cases}, \qquad ①$$

或

$$\begin{cases}x+1<0\\x-2<0\end{cases}. \qquad ②$$

不等式组①的解集为

$$\{x\,|\,x>2\};$$

不等式组②的解集为

$$\{x\,|\,x<-1\}.$$

原不等式的解集是不等式组①与②的解集的并集，即

$$\{x\,|\,x>2\}\cup\{x\,|\,x<-1\}=\{x\,|\,x>2 \text{ 或 } x<-1\}.$$

法二：由题可知，$x-2\neq0$，故 $(x-2)^2>0$.

原不等式两边同时乘以 $(x-2)^2$，得不等式

$$(x+1)(x-2)>0\cdots\cdots③$$

一元二次不等式③的解为

$$x>2 \text{ 或 } x<-1.$$

故原不等式的解集为

$$\{x\,|\,x>2 \text{ 或 } x<-1\}.$$

> 想一想：
> 　解法2中，原不等式两边为什么要同时乘以 $(x-2)^2$？能否同时乘以 $(x-2)$？

一般地，分式不等式的求解方法有两种：

法一：将其化为两个一元一次不等式组，然后求它们的并集即可.

不等式 $\dfrac{P(x)}{Q(x)}>0$ 可化为不等式组 $\begin{cases}P(x)>0\\Q(x)>0\end{cases}$，或者 $\begin{cases}P(x)<0\\Q(x)<0\end{cases}$.

不等式 $\dfrac{P(x)}{Q(x)}<0$ 可化为不等式组 $\begin{cases}P(x)<0\\Q(x)>0\end{cases}$，或者 $\begin{cases}P(x)>0\\Q(x)<0\end{cases}$.

法二: 将其化为具有相同解集的整式不等式,然后求此整式不等式的解集即可.

思考: 对于上面两种解法,你认为哪种解法更简便?

例 4 解下列不等式

(1) $\dfrac{1}{x+2}<1$；　　　　　　(2) $\dfrac{2x+1}{2x-1}\geqslant 2$.

解:(1) 原不等式可化为

$$\dfrac{x+1}{x+2}>0, \qquad ①$$

与不等式①同解的不等式是一元二次不等式

$$(x+1)(x+2)>0.$$

而不等式 $(x+1)(x+2)>0$ 的解集是

$$\{x\mid x<-2 \text{ 或 } x>-1\}.$$

因此,原不等式的解集是

$$\{x\mid x<-2 \text{ 或 } x>-1\}.$$

(2) 由题可知 $2x-1\neq 0$,则

$$(2x-1)^2>0.$$

将原不等式两边同时乘以 $(2x-1)^2$,得

$$(2x+1)(2x-1)\geqslant 2\cdot(2x-1)^2,$$

整理得 $\qquad 4x^2-8x+3\leqslant 0.$

与原不等式同解的不等式是

$$\begin{cases} 4x^2-8x+3\leqslant 0 \\ 2x-1\neq 0 \end{cases}, \qquad ②$$

解不等式组②得到

$$\dfrac{1}{2}<x\leqslant\dfrac{3}{2}.$$

因此,原不等式的解集为

$$\left\{x\,\Big|\,\dfrac{1}{2}<x\leqslant\dfrac{3}{2}\right\}.$$

随堂练习 ▶

1. 判断下列说法是否正确:

(1) 不等式 $\dfrac{x+3}{x-2}>0$ 与不等式 $(x+3)(x-2)>0$ 是同解不等式;

(2) 不等式 $\dfrac{x+3}{x-2}\leqslant 0$ 与不等式 $(x+3)(x-2)\leqslant 0$ 是同解不等式;

(3) 不等式 $\dfrac{x+3}{x-2}>2$ 与不等式 $x+3>2(x-2)$ 是同解不等式.

2. 解下列不等式

(1) $\dfrac{x+2}{x+1}>0$；

(2) $\dfrac{x-1}{1-2x}>0$；

(3) $\dfrac{2}{x+1}>1$；

(4) $\dfrac{1}{x+2}\leqslant 3$；

(5) $\dfrac{3x+1}{x+1}>2$；

(6) $\dfrac{x-1}{x-2}\leqslant \dfrac{1}{2}$.

2.2.3 含绝对值的不等式

商品质量规定，商店出售的标明 10 kg 袋装大米，其实际数与所标数相差不能超过 0.1 kg. 假设有实际数为 x kg 的大米，那么 x 应该满足什么条件？

实际数 x 应满足的条件为

$$\begin{cases} x-10\leqslant 0.1 \\ 10-x\leqslant 0.1 \end{cases}.$$

根据绝对值的意义，这个结果可以表示为

$$|x-10|\leqslant 0.1.$$

像这样含有绝对值并且绝对值符号内含有未知数的不等式叫作**绝对值不等式**.

那么，对于绝对值不等式，我们应该怎样求它的解呢？

思考： 回顾绝对值的几何意义. $|x|$，$|x-a|$ 具有什么样的几何意义？

先考虑简单的绝对值不等式：$|x|<1$ 和 $|x|>1$.

对于 $|x|<1$，由绝对值的几何意义可知，它的解集是数轴上到原点的距离小于 1 的点的集合，即 $-1<x<1$，在数轴上可以表示为图 2.2.3，由此可得，不等式 $|x|<1$ 的解集是

$$\{x\,|-1<x<1\}.$$

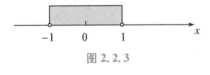

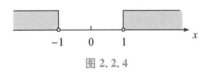

图 2.2.3   图 2.2.4

类似地，不等式 $|x|>1$ 表示数轴上到原点的距离大于 1 的点的集合，在数轴上可以表示为图 2.2.4，由此可得，不等式 $|x|>1$ 的解集是

$$\{x\,|x<-1,\text{或 }x>1\}.$$

一般地，不等式 $|x|<a\,(a>0)$ 的解集是

$$\{x\,|-a<x<a\};$$

不等式 $|x|>a\,(a>0)$ 的解集是

$$\{x\,|x<-a\text{ 或 }x>a\}.$$

在数轴上表示如下（图 2.2.5）：

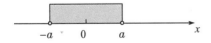

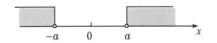

图 2.2.5

思考：形如$|ax \pm b| < c(c>0)$或$|ax \pm b| > c(c>0)$的绝对值不等式，如何求解？

例5 解下列不等式

(1) $|x+5| \leqslant 5$；

(2) $\left|\dfrac{1}{2}x-1\right| \leqslant 2$；

(3) $|3x| > 9$；

(4) $|2x+5| > 1$.

解：(1) 由原不等式可得
$$-5 \leqslant x+5 \leqslant 5,$$
也就是
$$-5-5 \leqslant x \leqslant 5-5,$$
即
$$-10 \leqslant x \leqslant 0,$$
所以，原不等式的解集是
$$\{x \mid -10 \leqslant x \leqslant 0\}.$$

> 想一想：
> 不等式$-5 \leqslant x+5 \leqslant 5$与不等式组$\begin{cases} x+5 \leqslant 5 \\ x+5 \geqslant -5 \end{cases}$是否等价？

(2) 由原不等式可得
$$-2 \leqslant \dfrac{1}{2}x-1 \leqslant 2,$$
解得
$$-2 \leqslant x \leqslant 6.$$
所以，原不等式的解集是
$$\{x \mid -2 \leqslant x \leqslant 6\}.$$

(3) 由原不等式可得
$$3x < -9 \text{ 或 } 3x > 9,$$
解得
$$x < -3 \text{ 或 } x > 3.$$
所以，原不等式的解集是
$$\{x \mid x < -3 \text{ 或 } x > 3\}.$$

(4) 由原不等式可得
$$2x+5 < -1, \text{或 } 2x+5 > 1,$$
解得
$$x < -3, \text{或 } x > -2.$$
所以，原不等式的解集是
$$\{x \mid x < -3, \text{或 } x > -2\}.$$

注：解绝对值不等式的关键在于将绝对值不等式转化为不含绝对值的不等式.

例6 解不等式$|x^2-5x+5| < 1$.

解：原不等式可化为
$$-1 < x^2-5x+5 < 1 \cdots\cdots①$$
即
$$\begin{cases} x^2-5x+5 < 1 \\ x^2-5x+5 > -1 \end{cases} \cdots\cdots②$$
解不等式①，得
$$\{x \mid 1 < x < 4\}.$$
解不等式②，得

$\{x\,|\,x<2,\text{或}\ x>3\}$.

原不等式的解集是不等式①和不等式②的解集的交集,即

$\{x\,|\,1<x<4\}\bigcap\{x\,|\,x<2,\text{或}\ x>3\}=\{x\,|\,1<x<2,\text{或}\ 3<x<4\}$.

随堂练习 ▶

1. 解下列不等式:

(1) $|x|\leqslant5$;　　　　(2) $|x|\geqslant10$;　　　　(3) $|3x|>6$;

(4) $|x-2|\leqslant3$;　　　(5) $|5x-1|>11$;　　　(6) $\left|\dfrac{1}{3}x-1\right|\geqslant2$.

2. 解下列不等式:

(1) $|x^2-24|>12$;　　　　　　　(2) $|x^2-3x+1|\leqslant5$.

习题 2.2

A组

1. 解下列不等式

(1) $2x^2+5x+2>0$;　　　(2) $x^2-2x+1<0$;　　　(3) $3x^2-x+4<0$;

(4) $x^2\geqslant3x+4$;　　　　(5) $3x^2+5>3x$;　　　　(6) $(x-3)(x+1)<0$;

(7) $4-x^2-4x<0$;　　　(8) $4x^2>4x-1$.

2. 若关于 x 的一元二次方程 $x^2-(m+1)x-m=0$ 有两个不相等的实数根,求 m 的取值范围.

3. 已知函数 $y=\dfrac{1}{2}x^2-3x-\dfrac{3}{4}$,求使函数值大于 0 的 x 的取值范围.

4. 解下列不等式

(1) $\dfrac{x+1}{x-3}<0$;　　　　　　　　　(2) $\dfrac{2}{x}\geqslant-1$;

(3) $\dfrac{x-1}{1-2x}>1$;　　　　　　　　(4) $\dfrac{3x-5}{x-1}\leqslant\dfrac{2x+7}{x-1}$.

5. 解下列不等式

(1) $|2x+1|<7$;　　　　　　　　(2) $|3x-8|>13$;

(3) $\left|\dfrac{1}{2}x-2\right|\leqslant\dfrac{1}{3}$;　　　　　　(4) $\left|\dfrac{3}{4}x-2\right|\geqslant1$;

(5) $|4x^2-10x-3|\leqslant3$;　　　　　(6) $|5x-x^2|>6$.

6. 某型号的卡车在水泥路面上的刹车距离 s(m)和车速 v(km/h)之间有以下关系: $s=\dfrac{1}{20}v+\dfrac{1}{180}v^2$. 在一次交通事故中,测得该型号一辆卡车的刹车距离大于 39.5(m),而此

路段限速 75（km/h），请问此车是否超速违章？

7. 某种杂志原以每本 2.5 元的价格销售，可以售出 8 万本。根据市场调查，若单价每提高 0.1 元，销售量就相应减少 2000 本。为了使得该杂志的销售总收入不低于 20 万元，应该怎样制定这种杂志的价格？

B 组

1. 若关于 x 的不等式 $-\dfrac{1}{2}x^2+2x>mx$ 的解集为 $\{x|0<x<2\}$，求 m 的值。

2. 若集合 $A=\{x|x^2-16<0\}$，$B=\{x|x^2-4x+3>0\}$，求 $A\cap B$。

3. m 是什么实数时，关于 x 的一元二次方程 $mx^2-(1-m)x+m=0$ 没有实数根？

4. 解下列不等式

(1) $0<4x^2-11x-3<3$；

(2) $\dfrac{2x^2-5x+2}{6x^2-17x+12}<0$；

(3) $\left|\dfrac{x-1}{2}+3\right|>\dfrac{3}{4}$；

(4) $2<|2x-5|\leqslant7$。

5. 一个分数的分子、分母都是自然数，并且分子比分母小 1，如果分子加上 2，分母不变，那么所得的分数就大于 1.1；如果分子和分母都加上 2，那么所得的分数就大于 0.9，求原来的分数。

➤ 扫描本章二维码，阅读"绝对值三角不等式"。

2.3 基本不等式

思考： 右图是 2002 年在北京召开的第 24 届国际数学家大会的会标。这个会标是根据中国古代数学家赵爽的弦图设计的，融入了现代数学元素与设计理念，色彩的明暗变化使它看上去像一个风车。你能在这个图案中找出一些不等关系吗？

将图中的"风车"抽象成图 2.3.1，在正方形 $ABCD$ 中，有四个全等的直角三角形。设直角三角形的两条直角边长为 a,b，那么正方形的边长为 $\sqrt{a^2+b^2}$。这样，4 个直角三角形的面积的和是 $2ab$，正方形的面积为 a^2+b^2。由于 4 个直角三角形的面积小于正方形的面积，我们就得到了一个不等式

$$a^2+b^2\geqslant2ab.$$

当直角三角形变为等腰直角三角形，即 $a=b$ 时，正方形 $EFGH$ 缩为一个点，这时有

$$a^2+b^2=2ab.$$

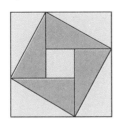 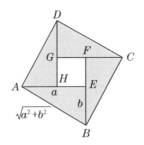

图 2.3.1

因此,可以得到如下的结论:

定理 1 一般地,对于任意实数 a,b 有 $a^2+b^2 \geqslant 2ab$, 当且仅当 $a=b$ 时取"="号.

证明:因为 $a^2+b^2-2ab=(a-b)^2$,

当 $a \neq b$ 时, $(a-b)^2>0$;

当 $a=b$ 时, $(a-b)^2=0$.

所以 $(a-b)^2 \geqslant 0$,

即 $(a^2+b^2) \geqslant 2ab$.

特别地,如果 $a>0,b>0$,用 $\sqrt{a}$、$\sqrt{b}$ 分别代替定理 1 中的 a、b,则得到如下定理:

定理 2 如果 $a>0,b>0$,那么 $\sqrt{ab} \leqslant \dfrac{a+b}{2}$,当且仅当 $a=b$ 时取"="号.

将不等式 $\sqrt{ab} \leqslant \dfrac{a+b}{2}$ 称为基本不等式.

> 你能证明定理 2 吗?

> **探究:**在图 2.3.2 中,AB 是圆的直径,点 C 是 AB 上一点,$AC=a,BC=b$. 过点 C 做垂直于 AB 的弦 DE,连接 AD,BD. 你能利用这个图形,得出不等式 $\sqrt{ab} \leqslant \dfrac{a+b}{2}$ 的几何解释吗?

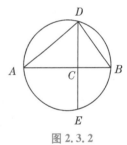

图 2.3.2

数学中,我们称 $\dfrac{a+b}{2}$ 为 a、b 的算术平均数,称 $\sqrt{ab}$ 为 a、b 的几何平均数,因此,基本不等式还可以表述为:两个正数的算术平均数不小于它们的几何平均数. 它可以求一些代数式的最值(最大值、最小值),在解决实际问题中有广泛的应用.

例 1 已知 a、b、c 是正数,求证:
$$a(b^2+c^2)+b(a^2+c^2)+c(a^2+b^2) \geqslant 6abc.$$

证明:因为 $b^2+c^2 \geqslant 2bc, a>0$,所以
$$a(b^2+c^2) \geqslant 2abc.$$

同理可得 $b(a^2+c^2) \geqslant 2abc$,

$c(a^2+b^2) \geqslant 2abc$.

因此 $a(b^2+c^2)+b(a^2+c^2)+c(a^2+b^2) \geqslant 6abc.$

例 2 已知 x、y 都是正数,求证:$\dfrac{y}{x}+\dfrac{x}{y}\geqslant 2$.

证明:因为 $x>0,y>0$,所以

$$\frac{x}{y}>0,\frac{y}{x}>0.$$

因此

$$\frac{x}{y}+\frac{y}{x}\geqslant 2\sqrt{\frac{x}{y}\cdot\frac{y}{x}}=2.$$

即

$$\frac{x}{y}+\frac{y}{x}\geqslant 2.$$

例 3 (1) 用篱笆围成一个面积为 $100\ m^2$ 的矩形菜园,问这个矩形的长、宽各为多少时,所用篱笆最短? 最短的篱笆是多少?

(2) 一段长为 $36\ m$ 的篱笆围成一个矩形菜园,问这个矩形的长、宽各为多少时,菜园的面积最大? 最大面积是多少?

分析:对于(1),矩形菜园的面积是确定的,长和宽没有确定.如果长和宽确定了,那么篱笆的周长也就确定了.因此,我们要解决的问题是:当面积确定时,长和宽取什么值时,篱笆的周长最短?

对于(2),矩形菜园的周长是确定的,长和宽没有确定.如果长和宽确定了,那么篱笆的面积也就确定了.因此我们要解决的问题是:当周长确定时,长和宽取什么值时,篱笆围成的面积最大?

解:(1) 设矩形菜园的长为 $x\ m$,宽为 $y\ m$,则 $xy=100$,篱笆的长为 $2(x+y)m$.

由基本不等式 $\dfrac{x+y}{2}\geqslant\sqrt{xy}$,可得

$$x+y\geqslant 2\sqrt{xy}=2\sqrt{100}=20,$$

因此 $2(x+y)\geqslant 40,$

当且仅当 $x=y$,即 $x=y=10$ 时,等号成立.

故,当这个矩形的长和宽都是 $10\ m$ 时,所用篱笆最短,最短篱笆是 $40\ m$.

(2) 设矩形菜园的长为 $x\ m$,宽为 $y\ m$,则 $2(x+y)=36$,即 $x+y=18$,矩形菜园的面积为 $xy\ m^2$.

由基本不等式 $\dfrac{x+y}{2}\geqslant\sqrt{xy}$,可得

$$xy\leqslant\left(\frac{x+y}{2}\right)^2=\left(\frac{18}{2}\right)^2=81,$$

当且仅当 $x=y$,即 $x=y=9$ 时,等号成立.

故,当这个矩形的长和宽都是 $9\ m$ 时,菜园的面积最大,最大面积是 $81\ m^2$.

总结:由例题3可得:对于两个正数 a,b,如果积 ab 是定值 P,那么当 $a=b$ 时,和 $a+b$ 有最小值 $2\sqrt{p}$;如果和 $a+b$ 是定值 L,那么当 $a=b$ 时,积 ab 有最大值 $\dfrac{1}{4}L^2$.

例 4 若 $x>0$,求 $f(x)=4x+\dfrac{9}{x}$ 的最小值.

解:因为 $x>0$,由基本不等式得

$$f(x)=4x+\frac{9}{x}\geqslant 2\sqrt{4x\cdot\frac{9}{x}}=2\sqrt{36}=12.$$

当且仅当 $4x=\dfrac{9}{x}$,即 $x=\dfrac{3}{2}$ 时,$f(x)=4x+\dfrac{9}{x}$ 取最小值 12.

随堂练习 ▶

1. 已知 a、b、c 都是正数,求证:

(1) $(a+b)(b+c)(c+a)\geqslant 8abc$;

(2) $a+b+c\geqslant\sqrt{ab}+\sqrt{bc}+\sqrt{ac}$.

2. 已知 $x\neq 0$,当 x 取什么值时,$x^2+\dfrac{81}{x^2}$ 的值最小?最小值是多少?

3. 已知 $0<x<3$,当 x 取什么值时,$x(3-x)$ 的值最大?最大值是多少?

4. 已知直角三角形的面积等于 50,两条直角边各为多少时,两条直角边的和最小,最小值是多少?

5. 求函数 $y=\dfrac{1}{x-3}+x(x>3)$ 的最小值.

习题 2.3

A 组

1. 已知 x,y 都是正数,求证:
$$(x+y)(x^2+y^2)(x^3+y^3)\geqslant 8x^3y^3.$$

2. 当 x 取什么值时,函数 $y=9x^2+\dfrac{1}{2x^2}$ 有最小值,最小值为多少?

3. (1) 已知两个正数的积是 36,当这两个正数取什么值时,它们的和最小,最小是多少?

(2) 已知两个正数的和是 20,当这两个正数取什么值时,它们的积最大,最大是多少?

4. 做一个体积为 32 m^3,高为 2 m 的长方体纸盒,底面的长与宽取什么值时用纸最少,最少是多少?

5. 求证:

(1) 周长等于 L 的矩形中,以正方形的面积最大;

(2) 面积等于 S 的矩形中,以正方形的周长最小.

➤ 扫描本章二维码，阅读"基本不等式的推广".

2.4　不等式的证明

不等式的证明，一般是要根据不等式的意义、性质及某些已知不等式来证明不等式在其定义域中是恒成立的. 不等式的基本性质、基本不等式以及绝对值不等式的解集等，都可以作为证明不等式的出发点. 本章中，我们将学习常用的证明不等式的基本方法：比较法、分析法和综合法.

1. 比较法

我们已经知道，

$$a-b>0 \Leftrightarrow a>b,$$
$$a-b<0 \Leftrightarrow a<b.$$

因此，要证明 $a>b(a<b)$，最基本的方法就是证明 $a-b>0(a-b<0)$，即把不等式两边相减，转化为比较差与 0 的大小，这种证明不等式的方法叫（作差）比较法.

例1 已知 $m>0,n>0$，且 $m\neq n$，求证：$m^3+n^3>m^2n+mn^2$.

证明：
$$(m^3+n^3)-(m^2n+mn^2)$$
$$=(m^3-m^2n)+(n^3-mn^2)$$
$$=m^2(m-n)+n^2(n-m)$$
$$=(m^2-n^2)(m-n)$$
$$=(m+n)(m-n)^2.$$

因为 m,n 都是正数，所以

$$m+n>0,$$

又因为 $m \neq n$,所以

$$(m-n)^2 > 0,$$

于是　　　　　　　　　$(m+n)(m-n)^2 > 0,$

即　　　　　　　　　$(m^3+n^3)-(m^2n+mn^2) > 0,$

所以　　　　　　　　　$m^3+n^3 > m^2n+mn^2.$

例 2　已知 a,b,c 都是正数,并且 $a < b$,求证:$\dfrac{a+c}{b+c} > \dfrac{a}{b}$.

证明:　　　　$\dfrac{a+c}{b+c}-\dfrac{a}{b}=\dfrac{b(a+c)-a(b+c)}{b(b+c)}=\dfrac{c(b-a)}{b(b+c)},$

因为 a,b,c 都是正数,且 $a < b$,所以

$$b+c > 0, b-a > 0,$$

因此　　　　　　$\dfrac{a+c}{b+c}-\dfrac{a}{b}=\dfrac{c(b-a)}{b(b+c)} > 0,$

即　　　　　　　　　$\dfrac{a+c}{b+c} > \dfrac{a}{b}.$

> **想一想:**
> 　　你能总结出使用(作差)比较法证明不等式的一般步骤吗?

2. 综合法

利用某些已经证明了的不等式,从已知条件出发,利用定义、定理、性质等,经过一系列的推理、论证,推导出所要证明的不等式成立,这种证明方法叫作综合法.综合法又叫顺推证法或由因导果法.

例 3　已知 a,b,c 都是正数,且不全相等,求证:

$$a(b^2+c^2)+b(c^2+a^2)+c(a^2+b^2) > 6abc.$$

证明:因为 $b^2+c^2 \geqslant 2bc, a > 0$,所以

$$a(b^2+c^2) \geqslant 2abc. \qquad\qquad ①$$

因为 $c^2+a^2 \geqslant 2ac, b > 0$,所以

$$b(c^2+a^2) \geqslant 2abc. \qquad\qquad ②$$

又因为 $a^2+b^2 \geqslant 2ab, c > 0$,所以

$$c(a^2+b^2) \geqslant 2abc. \qquad\qquad ③$$

由于 a,b,c 不全相等,所以上述①②③式中至少有一个不取等号,把它们相加得

$$a(b^2+c^2)+b(c^2+a^2)+c(a^2+b^2) > 6abc.$$

例 4　已知 a,b,c 都是正数,且 $a+b+c=1$,求证:

$$\left(\dfrac{1}{a}-1\right)\left(\dfrac{1}{b}-1\right)\left(\dfrac{1}{c}-1\right) \geqslant 8.$$

证明:因为 a,b,c 都是正数,且 $a+b+c=1$,所以

$$\dfrac{1}{a}-1=\dfrac{1-a}{a}=\dfrac{b+c}{a} \geqslant \dfrac{2\sqrt{bc}}{a},$$

同理可得　　　　　$\dfrac{1}{b}-1 \geqslant \dfrac{2\sqrt{ac}}{a}, \dfrac{1}{c}-1 \geqslant \dfrac{2\sqrt{ab}}{c},$

上述三个不等式的右边都为正数,分别相乘,得

$$\left(\dfrac{1}{a}-1\right)\left(\dfrac{1}{b}-1\right)\left(\dfrac{1}{c}-1\right) \geqslant \dfrac{8\sqrt{(abc)^2}}{abc}=8.$$

所以
$$\left(\frac{1}{a}-1\right)\left(\frac{1}{b}-1\right)\left(\frac{1}{c}-1\right)\geqslant 8.$$

3. 分析法

证明不等式时,有时候需要从要证的结论出发,逐步寻求使它成立的条件,直至找到一个已知的显然成立的不等式为止,这种证明方法叫作分析法. 这是一种执果索因的证明方法,即从"结论"寻求"条件"向"已知"靠拢.

例 5 求证:$\sqrt{6}+\sqrt{7}>2\sqrt{2}+\sqrt{5}$.

证明:因为 $\sqrt{6}+\sqrt{7}$ 和 $2\sqrt{2}+\sqrt{5}$ 都是正数,所以

为了证明
$$\sqrt{6}+\sqrt{7}>2\sqrt{2}+\sqrt{5},$$

只需证明
$$(\sqrt{6}+\sqrt{7})^2>(2\sqrt{2}+\sqrt{5})^2,$$

展开得
$$13+2\sqrt{42}>13+4\sqrt{10},$$

即证
$$\sqrt{42}>2\sqrt{10},$$

两边平方,即证
$$42>40,$$

而 $42>40$ 显然成立,故 $\sqrt{6}+\sqrt{7}>2\sqrt{2}+\sqrt{5}$.

从上述证明过程可以发现,如果从 $42>40$ 出发逐步倒推,即
$$42>40 \Rightarrow \sqrt{42}>2\sqrt{10} \Rightarrow 13+2\sqrt{42}>13+4\sqrt{10}$$
$$\Rightarrow (\sqrt{6}+\sqrt{7})^2>(2\sqrt{2}+\sqrt{5})^2 \Rightarrow \sqrt{6}+\sqrt{7}>2\sqrt{2}+\sqrt{5},$$

也能得出结论,这实际上就是综合法证明. 因此,综合过程正好与分析过程相反. 只是如果没有分析过程,我们很难想到要以 $42>40$ 作为证明的出发点.

例 6 已知 a,b,c,d 都是实数,求证:
$$(a^2+b^2)(c^2+d^2)\geqslant(ac+bd)^2.$$

证法一(比较法):

因为
$$(a^2+b^2)(c^2+d^2)-(ac+bd)^2$$
$$=a^2c^2+a^2d^2+b^2c^2+b^2d^2-(a^2c^2+2abcd+b^2d^2)$$
$$=a^2d^2-2abcd+b^2c^2$$
$$=(ad-bc)^2\geqslant 0,$$

所以
$$(a^2+b^2)(c^2+d^2)\geqslant(ac+bd)^2.$$

证法二(综合法):

因为 a,b,c,d 都是实数,所以
$$(ad-bc)^2\geqslant 0,$$

于是
$$a^2d^2-2abcd+b^2c^2\geqslant 0,$$

不等式两边同时加上 $a^2c^2+b^2d^2$,得
$$a^2c^2+a^2d^2+b^2c^2+b^2d^2\geqslant a^2c^2+2abcd+b^2d^2,$$

即
$$(a^2+b^2)(c^2+d^2)\geqslant(ac+bd)^2.$$

证法三(分析法):

为了证明

$$(a^2+b^2)(c^2+d^2)\geqslant(ac+bd)^2,$$

只需证明 $\qquad\qquad a^2d^2-2abcd+b^2c^2\geqslant0,$

即 $\qquad\qquad\qquad (ad-bc)^2\geqslant0.$

因为 a,b,c,d 都是实数,所以 $(ad-bc)^2\geqslant0$ 是成立的,因此

$$(a^2+b^2)(c^2+d^2)\geqslant(ac+bd)^2.$$

随堂练习 ▶

1. 求证:

(1) $x^2+3>2x$; (2) $a^2+b^2\geqslant2(a-b-1)$;

(3) $a^3+b^3>a^2b+ab^2$.

2. 已知 a,b,c,d 都是正数,求证:$(ab+cd)(ac+bd)\geqslant4abcd$.

3. 已知 a,b,c,d 都是实数,求证:$a^2+b^2+c^2\geqslant ab+bc+ca$.

4. 比较下列三组数的大小:

(1) $2+\sqrt[3]{7}$ 与 4; (2) $\sqrt{7}+\sqrt{10}$ 与 $\sqrt{3}+\sqrt{14}$; (3) $\sqrt{2}$ 与 $\sqrt[3]{3}$.

5. 证明:当水的流速相同时,如果截面的周长相等,那么截面是圆的水管比截面是正方形的水管流量大.

习题 2.4

A组

1. 求证:

(1) $a^2+b^2\geqslant2(2a-b)-5$;

(2) $a^2+b^2+c^2+d^2\geqslant ab+bc+cd+da$.

2. 已知 a,b 为正数,且 $a\neq b$,求证:$a^5+b^5>a^3b^2+a^2b^3$.

3. 求证:

(1) $\dfrac{1}{\sqrt{3}+\sqrt{2}}>\sqrt{5}-2$; (2) $\sqrt{3}+\sqrt{8}>1+\sqrt{10}$;

(3) $\sqrt{a-5}-\sqrt{a-3}<\sqrt{a-2}-\sqrt{a}\,(a>5)$.

4. 已知 $a>b$,求证:$a^3-b^3>ab(a-b)$.

5. 已知 a,b,c,d 都是正数,求证:

(1) $ab(a+b)+bc(b+c)+ca(c+a)\geqslant6abc$;

(2) $\dfrac{c}{a+b}+\dfrac{a}{b+c}+\dfrac{c}{a+b}\geqslant\dfrac{3}{2}$.

B 组

1. 已知 $a>b>c$，求证：$\dfrac{1}{a-b}+\dfrac{1}{b-c}\geqslant\dfrac{4}{a-c}$.

2. 已知 a,b 都是正数，求证：$a^a b^b \geqslant a^b b^a$，当且仅当 $a=b$ 时，等号成立.

3. 甲、乙两人同时同地沿同一路线走向同一地点. 甲有一半时间以速度 m 行走，另一半时间以速度 n 行走；乙有一半路程以 m 行走，另一半路程以速度 n 行走. 如果 $m\neq n$，那么甲、乙两人谁先到达指定点？

4. 用 3,4,5,6,7,8 六个数字组成两个三位数，使这两个数的乘积最大，应怎样排列？

➤ 扫描本章二维码，阅读"不等式证明的其他方法".

42

本章小结

一、本章知识结构

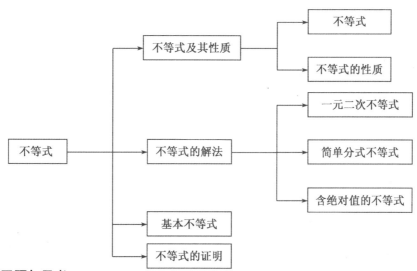

二、回顾与思考

1. 不等式的基本性质

(1) 对称性:如果 $a>b$,那么 $b<a$.

(2) 传递性:如果 $a>b,b>c$ 那么 $a>c$.

(3) 可加性:如果 $a>b \Rightarrow a+c>b+c$

如果 $a>b,c>d$,那么 $a+c>b+d$

(4) 可乘性:如果 $a>b,c>0 \Rightarrow ac>bc$;

如果 $a>b,c<0 \Rightarrow ac<bc$.

如果 $a>b>0,c>d>0$,那么 $ac>bd$.

如果 $a>b>0$,那么 $a^n>b^n>0(n\in \mathbf{N}_+,$且 $n>0)$.

如果 $a>b>0$,那么 $\sqrt[n]{a}>\sqrt[n]{b}>0(n\in \mathbf{N}_+,$且 $n>1)$.

2. 不等式的解法

解不等式的基本思想是化归、转化,同解变形是解不等式的理论依据.

（1）一元二次不等式

判别式	$\Delta > 0$	$\Delta = 0$	$\Delta < 0$
二次函数 $y = ax^2 + bx + c\,(a > 0)$ 的图像			
一元二次方程 $ax^2 + bx + c = 0$ 的实数根	有两个不相等的实数根 x_1、$x_2\,(x_1 < x_2)$	有两个相等的实数根 $x_1 = x_2 = -\dfrac{b}{2a}$	没有实数根
$ax^2 + bx + c > 0$ $(a > 0)$ 的解集	$\{x \mid x < x_1,\ 或\ x > x_2\}$	$\left\{ x \;\middle\|\; x \neq -\dfrac{b}{2a} \right\}$	$\mathbf{R}$
$ax^2 + bx + c < 0$ $(a > 0)$ 的解集	$\{x \mid x_1 < x < x_2\}$	$\varnothing$	$\varnothing$

（2）简单分式不等式

求解分式不等式有两种方法，分别为：将其化为两个一元一次不等式组，然后求不等式组的解的交集；将其转化为整式不等式，即找原不等式的同解不等式，再求其解即可. 归纳为下列四种情形：

① $\dfrac{P(x)}{Q(x)} > 0 \Leftrightarrow \begin{cases} P(x) > 0 \\ Q(x) > 0 \end{cases}$，或者 $\begin{cases} P(x) < 0 \\ Q(x) < 0 \end{cases} \Leftrightarrow P(x) \cdot Q(x) > 0$；

② $\dfrac{P(x)}{Q(x)} < 0 \Leftrightarrow \begin{cases} P(x) < 0 \\ Q(x) > 0 \end{cases}$，或者 $\begin{cases} P(x) > 0 \\ Q(x) < 0 \end{cases} \Leftrightarrow P(x) \cdot Q(x) < 0$；

③ $\dfrac{P(x)}{Q(x)} \geqslant 0 \Leftrightarrow \begin{cases} P(x) \cdot Q(x) \geqslant 0 \\ Q(x) \neq 0 \end{cases}$；

④ $\dfrac{P(x)}{Q(x)} \leqslant 0 \Leftrightarrow \begin{cases} P(x) \cdot Q(x) \leqslant 0 \\ Q(x) \neq 0 \end{cases}$.

（3）绝对值不等式

解绝对值不等式的关键在于去绝对值符号，从而把绝对值不等式化为不含绝对值的不等式.

绝对值不等式的转化方法：$(c > 0)$

不等式	解集	示意图
$\|x\| < c$	$\{x \mid -c < x < c\}$	
$\|x\| > c$	$\{x \mid x < -c,\ 或\ x > c\}$	

3. 基本不等式

（1）如果 $a\in\mathbf{R},b\in\mathbf{R}$，那么 $(a^2+b^2)\geqslant 2ab$，当且仅当 $a=b$ 时，取"＝"号.

（2）如果 $a>0,b>0$，那么 $\sqrt{ab}\leqslant\dfrac{a+b}{2}$，当且仅当 $a=b$ 时，取"＝"号.

我们称 $\sqrt{ab}\leqslant\dfrac{a+b}{2}$ 为基本不等式，称 $\dfrac{a+b}{2}$ 为 a、b 的算术平均数，称 $\sqrt{ab}$ 为 a、b 的几何平均数. 基本不等式还可叙述为：两个正数的算术平均数不小于它们的几何平均数.

4. 不等式的证明

（1）（作差）比较法：把不等式两边相减，转化为比较差与 0 的大小；

（2）综合法：利用某些已经证明了的不等式，从已知条件出发，利用定义、定理、性质等，经过一系列的推理、论证，推导出所要证明的不等式成立；

（3）分析法：从要证的结论出发，逐步寻求使它成立的条件，直至找到一个已知的显然成立的不等式为止.

思考：是否可以利用作商来比较两个式子的大小？

复习参考题

A 组

一、判断题

1. $a+b\geqslant 2\sqrt{ab}$ 恒成立. （　　）

2. 若 $a>b,c<0$，则 $\dfrac{c}{a}>\dfrac{c}{b}$. （　　）

3. 若 $a^2>b^2$，则 $a>b$. （　　）

4. 如果 $a>b$，那么 $\dfrac{a}{c}>\dfrac{b}{c}$. （　　）

5. 如果 $a>b$，则 $a^2>b^2$. （　　）

6. 如果 $a>b>0$，则 $\dfrac{1}{a}<\dfrac{1}{b}$. （　　）

7. 如果 $a>b>0,c>d>0$，则 $\dfrac{d}{a}<\dfrac{c}{b}$. （　　）

8. 若 $a>b$，则 $ac^2>bc^2$. （　　）

二、选择题

1. a、b 为实数，则下列结论成立的是（　　）.

A. $(a-b)^2\leqslant 0$　　　　　　B. $(a-b)^2\geqslant 0$

C. $(a-b)^2<0$　　　　　　D. $(a-b)^2>0$

2. 如果 $a>b,c>d$，则 $a-2c$ 与 $b-2d$ 的大小关系是（　　）.

  A. $a-2c>b-2d$ B. $a-2c<b-2d$

  C. 不能确定   D. $a-2c=b-2d$

3. 已知 $a<0,-1<b<0$，那么（　　）.

  A. $a>ab>ab^2$ B. $a<ab<ab^2$

  C. $ab>a>ab^2$ D. $ab>ab^2>a$

4. 已知 $x>0$，则 $2-2x-\dfrac{4}{x}$ 的最大值是（　　）.

  A. $2+4\sqrt{2}$ B. $4\sqrt{2}$ C. $2-4\sqrt{2}$ D. 无最大值

5. 已知 a、b 都是正数，则（　　）.

  A. $a+b>2\sqrt{ab}$ B. $a+b<2\sqrt{ab}$

  C. $a+b\geqslant2\sqrt{ab}$ D. $a+b\leqslant2\sqrt{ab}$

6. 设 $b>a>0$，则下列各式中正确的是（　　）.

  A. $a>\dfrac{a+b}{2}>\sqrt{ab}>b$ B. $b>\dfrac{a+b}{2}>\sqrt{ab}>a$

  C. $a>\dfrac{a+b}{2}>b>\sqrt{ab}$ D. $b>\dfrac{a+b}{2}>a>\sqrt{ab}$

7. 某工厂第一年的年产量为 A，第二年的年增长率为 a，第三年的年增长率为 b，则后两年的平均增长率 x 满足关系式（　　）.

  A. $x<\dfrac{a+b}{2}$ B. $x\leqslant\dfrac{a+b}{2}$ C. $x>\dfrac{a+b}{2}$ D. $x\geqslant\dfrac{a+b}{2}$

三、填空题

1. 已知 $0<x<2$，则函数 $f(x)=\sqrt{3x\cdot(8-3x)}$ 的最大值是 _____．

2. 若 $a>b>c>0$，则 $\dfrac{c}{a}$ _____ $\dfrac{c}{b}$．

3. 不等式 $\dfrac{x^2-3x+2}{x^2-6x+15}\geqslant0$ 的解集是 _____．

4. 不等式 $\dfrac{3x-1}{2-x}\geqslant1$ 的解集是 _____．

5. 若两个正数 x,y 的积是定值 p，则 $x=y$ 时，$x+y$ 有最小值为 _____．

四、解答题

1. 解下列不等式：

  (1) $x^2<3x+4$；   (2) $-2x^2+x+\dfrac{1}{2}\leqslant0$；

  (3) $\dfrac{3x-2}{2x+3}\leqslant0$；   (4) $\dfrac{3x-5}{x-1}\geqslant\dfrac{2x+7}{x-1}$；

  (5) $|2x-3|\geqslant5$；   (6) $|x-3|<6$.

2. 如果不等式 $ax^2+5x+b>0$ 的解集是 $\left\{x\left|\dfrac{1}{3}<x<\dfrac{1}{2}\right.\right\}$，求 a,b 的值.

3. 已知集合 $A=\{x|x^2-x-6<0\}$, $B=\{x|x^2+2x-8>0\}$, 求 $A\cap B$.

4. 某学校要建造一间地面面积为 $12\ \mathrm{m}^2$ 的背面靠墙的长方体小屋, 房屋正面的造价为 600 元$/\mathrm{m}^2$, 房屋侧面的造价为 400 元$/\mathrm{m}^2$, 屋顶的造价为 500 元$/\mathrm{m}^2$, 如果墙高为 $3\ \mathrm{m}$, 且不计房屋背面和地面的费用, 问怎样设计房屋能使总造价最低? 最低造价是多少?

B组

1. 解不等式:(1) $1\leqslant|x-3|<6$;(2) $3<|x-2|<9$.

2. 已知二次函数 $y=x^2+px+q$, 当 $y<0$ 时, 有 $-\dfrac{1}{2}<x<\dfrac{1}{3}$, 解不等式 $qx^2+px+1>0$.

3. 当 k 取什么值时, 一元二次不等式 $2kx^2+kx-\dfrac{3}{8}<0$ 对一切实数 x 都成立?

4. 汽车在行驶过程中, 由于惯性的作用, 刹车后还要继续向前滑行一段距离才能停住, 我们把这段距离叫作"刹车距离". 刹车距离是分析交通事故形成原因的一个重要因素.

在一个限速为 $40\ \mathrm{km/h}$ 的弯道上, 甲、乙两辆汽车相向而行, 发现有危险情况时, 同时刹车, 但两车还是相撞了. 事后, 现场勘察测得甲车的刹车距离略超过 $12\ \mathrm{m}$, 乙车的刹车距离略超过 $10\ \mathrm{m}$, 又知道甲、乙两种车型的刹车距离 $s(\mathrm{m})$ 与车速 $x(\mathrm{km/h})$ 之间分别有如下关系:

$$S_{甲}=0.1x+0.01x^2,\ S_{乙}=0.05x+0.005x^2$$

问:甲、乙车有无超速现象?

➤ 扫描本章二维码, 阅读"为什么总不少于9斤".

第三章 函 数

微信扫一扫
获取本章资源

　　函数是数学重要内容之一,是研究量与量之间相互依赖关系的数学模型,函数在人们日常生活中有着广泛的应用,函数的发展对数学有重大影响,学习函数对我们领悟数学概念,学习数学有着巨大的作用.

　　在本章,我们将从集合与对应的理论出发,进一步学习和研究函数的概念,深刻理解函数的意义,同时学习如何表达函数. 在此基础之上,学习函数的一些重要性质,如单调性、奇偶性,学习反函数的概念,并且学习如何利用简单函数模型解决日常生活中的一些实际问题.

本章学习目标

通过本章的学习,将实现以下学习目标:

- 理解映射的概念
- 理解在集合和对应的理论下函数的概念和意义
- 掌握函数的三种表示方法(解析法、图像法、列表法)
- 理解函数单调性的概念,掌握判断一些简单函数单调性的方法
- 理解函数奇偶性的概念,掌握判断函数奇偶性的方法
- 理解反函数的概念,掌握如何求一些简单函数的反函数的方法,了解且能应用互为反函数图像之间的相互关系
- 能运用函数模型解决简单的实际问题,提升对数学知识实际应用的意识

3.1 对应与映射

1. 对应与映射

如果我们都没有名字了,这个世界将会怎样?

每个人都有名字,尽管可能一人多名(学名,小名,笔名,甚至外号),也可能是多人一名,但我们每个人只能有一个法定的名字. 在老师点名过程中,学生构成的集合 A 与花名册上的姓名构成的集合 B 之间有一种联系.这种联系我们称为集合 A 与集合 B 之间的一种对应关系 f.

实际上,在初中我们已经接触过关于对应的一些例子,比如:

(1) 对于任何一个实数 a,数轴上都有唯一的点 P 和它对应,即通过数轴,将实数集 A 与点构成的集合 B 建立了一种对应关系;

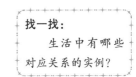

找一找:
　生活中有哪些对应关系的实例?

(2) 对于坐标平面内任何一个点,都有唯一的有序实数对 (x,y) 和它对应,即通过平面坐标系,建立了平面上的点集 A 与有序实数对构成的集合 B 之间的一种对应关系;

(3) 某场电影的每一张电影票都有唯一确定的座位与它对应,即通过编数,将电影票构成的集合 A 与座位构成的集合 B 建立了一种对应关系.

> **思考:**从集合 A 到集合 B 的对应 f,与从集合 B 到集合 A 的对应 f 相同吗?

第一章我们学习了元素与集合、集合与集合之间的关系,下面我们重点研究两个集合的元素与元素之间的对应关系.

如图 3.1.1,根据集合间相应的对应关系观察这几种对应各有什么特征?

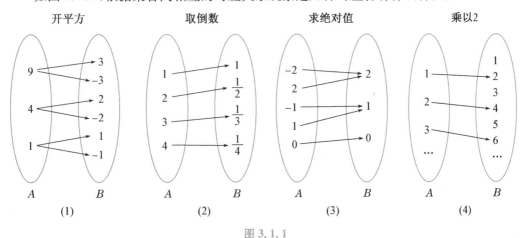

图 3.1.1

观察上图我们可以发现：

在(1)(2)(3)(4)中对于集合 A 中的任何一个元素，按照某种对应关系 f，在集合 B 中都有元素和它对应. 但在(2)(3)(4)中集合 A 中的每个元素在集合 B 中都只有一个元素和它对应. 像(2)(3)(4)这样的对应我们叫作从集合 A 到集合 B 的映射.

一般地，设 A、B 是两个非空集合，若按照某种对应关系 f，对于集合 A 中的任何一个元素 x，在集合 B 中有且只有一个元素 y 和它对应，则称这样的对应关系 f 为集合 A 到集合 B 的映射，记作 $f:A{\rightarrow}B$.

给定一个映射 $f:A{\rightarrow}B$，且 $a{\in}A$，$b{\in}B$，若元素 a 与元素 b 对应，则 b 叫作 a 的象，而 a 叫作 b 的原象. 例如，图 3.1.1(2)中，$\frac{1}{2}$ 是 2 的象，2 是 $\frac{1}{2}$ 的原象；(3)中，2 的原象有两个，分别为 -2 和 2；-2 和 2 的象都是 2.

思考： 对应与映射有什么区别？

例 1 判断以下给出的对应是不是由集合 A 到集合 B 的映射？

(1) $A=\{1,2,3,4\}$，$B=\{1,3,5,7\}$，对应关系 $f:x{\rightarrow}2x-1$.

(2) $A=\mathbf{N}_+$，$B=\{0,1,2\}$，对应关系 $f:x$ 对应 x 除以 3 的余数.

(3) $A=\{$某学校所有班级$\}$，$B=\{$某学校所有学生$\}$，对应关系 $f:$ 每个班级对应班级学生.

(4) $A=\{$三角形$\}$，$B=\{$正实数$\}$，对应关系 $f:$ 求三角形面积.

解：(1) 在对应关系 f 的作用下，A 中的元素 1，2，3，4，分别对应 B 中的元素 1，3，5，7，即集合 A 中的任何一个数 x，在集合 B 中都有唯一的数 $2x-1$ 与之对应. 因此，这个对应关系 $f:A{\rightarrow}B$ 是从集合 A 到集合 B 的映射.

(2) 由于任何一个正整数除以 3 的余数要么为 0，要么为 1，要么为 2，所以在对应关系 f 的作用下，集合 A 中的任何一个正整数，在集合 B 中都有唯一的数 0 或 1 或 2 与之对应. 故这个对应关系 $f:A{\rightarrow}B$ 是从集合 A 到集合 B 的映射.

(3) 由于每个班级的学生不止一个，因此与班级对应的学生不止一个，所以这个对应关系 f 不是从集合 A 到集合 B 的映射.

(4) 对于集合 A 中的每一个三角形，均可求其面积，面积唯一且一定是一个正实数，因此，对于任意一个三角形，在集合 B 中均有唯一的实数与之对应，故这个对应关系 $f:A{\rightarrow}B$ 是从集合 A 到集合 B 的映射.

> **注意：**(1) 映射是由三部分构成的一个整体：集合 A、集合 B、对应关系 f. 其中集合 A，B 可以是数集、点集或其他集合，可以是有限集也可以是无限集，但不能是空集.
>
> (2) 映射 $f:A{\rightarrow}B$ 是一种特殊的对应，要求 A 中的任何一个元素在 B 中都有象，并且象唯一，即元素与元素之间的对应必须是"一对一"或"多对一"，不能是"一对多".
>
> (3) 映射是有顺序的，即映射 $f:A{\rightarrow}B$ 与 $f:B{\rightarrow}A$ 的含义不同.

例2 指出图 3.1.1(3)中元素 1 所对应的象与原象?

解:对于集合 A 中的元素 1,其对应的象为集合 B 中的元素 1;而对于 B 中的元素 1,其所对应的原象为集合 A 中的 -1 和 1.

> 注意:
>
> 映射下的象是唯一的,原象不唯一.

> **思考:** 设映射 $f:A \to B$ 中象集为 C,若集合 A 中有 m 个元素,若集合 B 中有 n 个元素,象集 C 中有 k 个元素,则 k 与 m、n 的大小关系是什么?

2. 特殊的映射

观察图 3.1.1 中映射(2)和(4)有什么共同点?(2)和(3)又有什么共同点?

观察发现在映射(2)(4)中,集合 A 中任意不同元素在集合 B 中的象也不同,我们称满足此特点的映射为单映射;在映射(2)(3)中,集合 B 中的每个元素都有原象,我们称满足此特点的映射为满映射;映射(2)既是单映射又是满映射,我们称其为一一映射.

设 A,B 是两个非空集合,$f:A \to B$ 是集合 A 到集合 B 的映射,如果在这个映射下对于集合 A 中的不同元素,在集合 B 中有不同的象,而且 B 中每一个元素都有原象,那么称此映射为从 A 到 B 的一一映射.

> 比一比:
>
> 试比较它与映射的区别.

例3 判断下面的对应是否为映射,是否为一一映射?

(1) $A = \{0,1,2,4,9\}$, $B = \{0,1,4,9,64\}$,对应关系 $f:a \to b = (a-1)^2$;

(2) $A = \{0,1,4,9,16\}$, $B = \{-1,0,1,2,3,4\}$,对应关系 f:求平方根;

(3) $A = \{11,16,20,21\}$, $B = \{6,2,4,0\}$,对应关系 f:求被 7 除的余数.

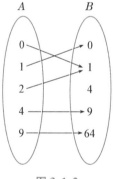

图 3.1.2

解:(1) 答:是映射,不是一一映射.(如右图 3.1.2)

(2) 答:由于集合 A 中的元素 1,在集合 B 中有两个元素 ± 1 与其对应,不唯一,所以不是映射.

(3) 答:是映射,且是一一映射.

随堂练习

1. 判断图中所表示的集合 $A = \{1,2,3,4\}$ 和集合 $B = \{a,b,c,d\}$ 间的对应关系中,哪些是映射,哪些不是映射?哪些是一一映射?

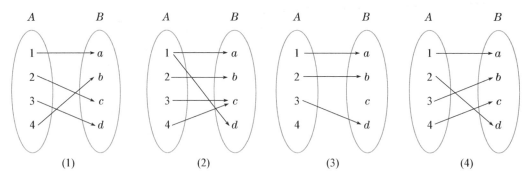

(1)   (2)   (3)   (4)

2. 下列各题中,哪些对应关系 f 是从集合 A 到集合 B 的映射?

(1) 设 $A=\mathbf{N}_+$,$B=\{0,1\}$,对应关系 $f:x\to x$ 除以 2 得的余数;

(2) 设 $A=\{0,1,2\}$,$B=\{0,1,\frac{1}{2}\}$,对应关系 $f:x\to\frac{1}{x}$;

(3) 设 $A=\mathbf{Z}$,$B=\mathbf{N}_+$,对应关系 $f:x\to x$ 求绝对值.

3. 在集合 A 到集合 B 的映射中,集合 $B=\{1,3,4,5,7,9,11\}$,对应关系 $f:x\to 3x$,写出满足条件的一个集合 A.

4. 设 $A=\{x\mid x$ 是锐角$\}$,$B=\{y\mid 0<y\leqslant 1\}$,从 A 到 B 的对应关系 $f:x\to y=\sin x$. 判断 f 是不是映射? 如果是,A 中元素 $60°$ 的象是什么? B 中元素 $\frac{\sqrt{2}}{2}$ 的原象是什么?

习题 3.1

A组

1. 下列哪些对应是从集合 A 到集合 B 的映射?

(1) 设 $A=\mathbf{N}$,$B=\{-1,1\}$,对应关系 $f:x\to(-1)^x$;

(2) 设 $A=\mathbf{N}$,$B=\mathbf{N}_+$,对应关系 $f:x\to y=|x-1|$;

(3) 设 $A=\{x\mid x>0$ 且 $x\in\mathbf{R}\}$,$B=\mathbf{R}$,对应关系 $f:x\to y=x^2$;

(4) 设 $A=\{$平面内的圆$\}$,$B=\{$平面内的三角形$\}$,对应关系 $f:$ 作圆的内接三角形.

2. 已知 $A=\{a_1,a_2\}$,$B=\{b_1,b_2,b_3\}$,则从 A 到 B 的映射有多少个?

3. 填空

(1) 从 $\mathbf{R}$ 到$\{$正实数$\}$的映射 $f:x\to y=|x|+1$,则 $\mathbf{R}$ 中的 -1 在$\{$正实数$\}$中的象是_____,$\{$正实数$\}$中的 4 在 $\mathbf{R}$ 中的原象是_____.

(2) 给定映射 $f:(x,y)\to(x+y,xy)$,则点 $(-2,3)$ 在 f 下的象是_____,点 $(2,-3)$ 的原象是_____.

(3) 设映射 $f:x\to x^2-2x-1$,则 $1+\sqrt{2}$ 的象是_____,-7 的原象是_____.

B 组

1. 设 $f:A \rightarrow B$ 是从集合 A 到集合 B 的映射,则下列命题中正确的是( ).

    A. A 中的每一个元素在 B 中必有唯一的象

    B. B 中的每一个元素在 A 中必有原象

    C. B 中的每一个元素在 A 中的原象唯一

    D. A 中不同元素的象必定不同

2. $A = \{$整数$\}$,$B = \{$偶数$\}$,试问 A 与 B 中的元素个数哪个多? 为什么? 如果我们建立一个由 A 到 B 的映射,对应关系 f:乘以 2,那么这个映射是一一映射吗?

3. 已知 $A = Q$,$B = Q$,a、$b \in A$,$c \in B$,$f:a + b = c$,这种运算可不可以看成从 A 到 B 的一种映射?

4. (1) 设 $A = \{a, b\}$,$B = \{1, 2\}$. 问最多可以建立多少个从集合 A 到集合 B 的不同映射? 若集合 A 不变,将集合 B 改为 $\{1, 2, 3\}$,结论是什么? 若集合 B 不变,将集合 A 改为 $\{a, b, c\}$,结论怎样? 若集合 A 改为 $A = \{a, b, c\}$,集合 B 改为 $B = \{1, 2, 3\}$,结论又是怎样?

(2) 从以上问题中,你能归纳出一般的结论吗? 依此结论,若集合 A 中含有 m 个元素,集合 B 中含有 n 个元素,那么最多可以建立多少个从集合 A 到集合 B 的不同映射?

3.2 函数及其表示

3.2.1 函数的概念

在初中我们学习过函数的概念,并且我们知道可以用函数描述变量之间的关系. 下面,我们将从集合的观点,给出函数的另一种定义,请看一个函数的实例.

引例:图 3.2.1 表示长沙市 2003 年 6 月份某一天的气温 T 随时间 t 变化的情况:

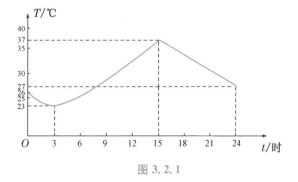

图 3.2.1

思考：上述引例存在哪些变量？变量的变化范围分别是什么？两个变量之间存在着怎样的对应关系？

上述引例中，据图可知，在气温的变化过程中，有两个变量，一个是时间 t，另一个是温度 T，温度 T 的变化随时间 t 的变化而变化，并且对于每一个时间 t，都存在一个确定的温度 T。从集合的角度分析，时间 t 的变化范围构成一个数集 $A=\{t|0\leqslant t\leqslant 24\}$，温度 T 的变化范围构成一个数集 $B=\{T|23\leqslant T\leqslant 37\}$，对于数集 A 中的每一个时间 t，在数集 B 中都存在唯一确定的温度 T 与之对应，图 3.2.1 中的曲线就是集合 A 到集合 B 的一种对应关系 f，显然这样的对应关系 f 是从集合 A 到集合 B 的一种映射，这样的映射被称为函数。

一般地，设 A、B 是两个非空的数集，如果按照某种确定的对应关系 f，使对于集合 A 中的任意一个数 x，在集合 B 中都有唯一确定的数 y 和它对应，则称这个映射 $f:A→B$ 叫作从集合 A 到集合 B 的一个函数，记作：

$$y=f(x), x\in A$$

其中，x 为自变量，自变量 x 的取值范围 A 叫作函数的定义域；与 x 的值对应的 y 值叫作函数值，函数值的集合 $\{f(x)|x\in A\}$ 叫作函数的值域。

引例中，温度 T 是关于时间 t 的函数，t 为自变量，定义域为 $A=\{t|0\leqslant t\leqslant 24\}$，$T$ 的取值为函数值，值域为 $B=\{T|23\leqslant T\leqslant 37\}$。

注意：(1) 函数的两种定义本质是一致的，只是叙述概念的出发点不同，一种定义是从运动变化的角度出发，一种定义是从集合的角度出发。

(2) f 表示对应关系，可以用任意的字母表示，比如字母 g 等；$f(x)$ 表示与自变量 x 对应的函数值，是一个整体，而不是 f 乘以 x。

(3) 当自变量 x 在定义域中取一个确定的值 a 时，其对应的函数值为 $f(a)$。

想一想： $f(a)$ 与 $f(x)$ 有何区别？

初中我们学习过一次函数 $y=kx+b(k\neq 0)$，其定义域是 $\mathbf{R}$，值域也是 $\mathbf{R}$，对应关系为 $f:x→y=kx+b(k\neq 0)$；

二次函数 $f(x)=ax^2+bx+c(a\neq 0)$，其定义域为 $\mathbf{R}$，值域 B 需分情况讨论：当 $a>0$ 时，值域 $B=\left\{y\left|y\geqslant\dfrac{4ac-b^2}{4a}\right.\right\}$；当 $a<0$ 时，值域 $B=\left\{y\left|y\leqslant\dfrac{4ac-b^2}{4a}\right.\right\}$。其对应关系 $f:x→y=ax^2+bx+c(a\neq 0)$。

思考：(1) 反比例函数 $y=\dfrac{k}{x}(k\neq 0)$ 的定义域、值域、对应关系分别是什么？

(2) $y=1(x\in\mathbf{R})$ 是不是函数？

(3) 构成函数的要素有哪些？

(4) 函数与映射有什么异同？

为了表述方便,研究函数时我们会用到区间的概念. 设 a,b 是两个实数,且 $a<b$,我们规定:

(1) 满足不等式 $a\leqslant x\leqslant b$ 的实数 x 的集合叫作闭区间,表示为 $[a,b]$;

(2) 满足不等式 $a<x<b$ 的实数 x 的集合叫作开区间,表示为 (a,b);

(3) 满足不等式 $a\leqslant x<b$ 和不等式 $a<x\leqslant b$ 的实数 x 的集合叫作半开半闭区间,分别表示为 $[a,b),(a,b]$.

区间的几何表示如下表:

定义	名称	符号	数轴表示
$\{x\|a\leqslant x\leqslant b\}$	闭区间	$[a,b]$	
$\{x\|a<x<b\}$	开区间	(a,b)	
$\{x\|a\leqslant x<b\}$	半开半闭区间	$[a,b)$	
$\{x\|a<x\leqslant b\}$	半开半闭区间	$(a,b]$	

其中实数 a,b 是相应区间的端点,在图中用实心点表示包含在区间内的端点,用空心点表示的是不包含在区间内的端点.

实数集 **R** 可以用区间 $(-\infty,+\infty)$ 表示,"∞"读作"无穷大","$-\infty$"读作"负无穷大","$+\infty$"读作"正无穷大". 我们可以把满足 $x\geqslant a,x>a,x\leqslant b,x<b$ 的实数 x 的集合分别表示为 $[a,+\infty),(a,+\infty),(-\infty,b],(-\infty,b)$.

例 1 求下列函数的定义域:

(1) $f(x)=\dfrac{1}{x-2}$; (2) $f(x)=\sqrt{3x+2}$;

(3) $f(x)=x^0$; (4) $f(x)=\sqrt{x+1}+\dfrac{1}{2-x}$;

(5) 导弹飞行高度 h 与时间 t 的函数关系为 $h(t)=500t-5t^2$.

分析:函数的定义域是由问题的实际背景确定的,一般说来是已知的. 如果问题只给出函数的解析式,没有给出定义域,那么我们就认为该函数的定义域是指能使这个式子有意义的一切 x 的集合.

解:(1) 要使函数有意义,必须满足 $x-2\neq0$,即 $x\neq2$,

所以函数 $f(x)=\dfrac{1}{x-2}$ 的定义域是 $\{x|x\neq2\}$,

写成区间形式为 $(-\infty,2)\bigcup(2,+\infty)$.

(2) 要使函数有意义,必须满足 $3x+2\geqslant0$,即 $x\geqslant-\dfrac{2}{3}$,

所以函数 $f(x)=\sqrt{3x+2}$ 的定义域是 $\left\{x\left|x\geqslant-\dfrac{2}{3}\right.\right\}$,

写成区间形式为 $\left[-\dfrac{2}{3},+\infty\right)$.

（3）要使函数有意义，必须满足 $x\neq 0$，
所以函数 $f(x)=x^0$ 的定义域是
$$\{x|x\neq 0\}.$$
写成区间形式为 $(-\infty,0)\bigcup(0,+\infty)$.

（4）要使函数有意义，必须满足
$$\begin{cases}x+1\geq 0\\2-x\neq 0\end{cases}\Rightarrow\begin{cases}x\geq -1\\x\neq 2\end{cases},$$
所以函数 $f(x)=\sqrt{3x+2}$ 的定义域是
$$\{x|x\geq -1\text{ 且 }x\neq 2\}.$$
写成区间形式为　　　　　　$[-1,2)\bigcup(2,+\infty)$.

（5）该问题为实际问题，由该问题的实际意义可得 $\begin{cases}t\geq 0\\500t-5t^2\geq 0\end{cases}.$

解得　　　　　　　　　　　　$0\leq t\leq 100$，
所以，这个函数的定义域是 $\{t|0\leq t\leq 100\}$. 写成区间形式为 $[0,100]$.

> 当一个函数是由两个或两个以上的数学式子的和、差、积、商的形式构成时，定义域是使各部分都有意义的公共部分. 另外，函数的定义域和值域都应写成集合或区间的形式.

思考：试归纳求解函数定义域的步骤！

例2　下列函数中哪个与函数 $y=x$ 相等？

（1）$f(x)=(\sqrt{x})^2$；　　　　（2）$f(x)=\sqrt[3]{x^3}$；

（3）$f(x)=\sqrt{x^2}$；　　　　（4）$f(x)=\dfrac{x^2}{x}$；

分析：两个函数相等当且仅当它们的定义域和对应关系完全一致，而与表示自变量和函数值的字母无关.

解：函数 $y=x$ 的定义域为 **R**，值域为 **R**，对应关系为 $f:x\rightarrow y=x$；

> 构成函数三个要素是：定义域、对应关系和值域，由于值域是由定义域和对应关系决定的，所以，如果两个函数的定义域和对应关系完全一致，即称这两个函数相等（或为同一函数）.

（1）函数 $y=(\sqrt{x})^2$ 的定义域为 $\{x|x\geq 0\}$，对应关系为 $f:x\rightarrow y=x$.
尽管与函数 $y=x$ 的对应关系相同但定义域不同，所以二者不相等；

（2）函数 $y=\sqrt[3]{x^3}$ 的定义域为 **R**，对应关系为 $f:x\rightarrow y=x$，因为与函数 $y=x$ 的定义域和对应关系都相同，所以二者相等；

（3）函数 $y=\sqrt{x^2}=|x|$ 的定义域为 **R**，对应关系为 $f:x\rightarrow y=|x|$，尽管与函数 $y=x$ 的定义域相同但对应关系不同，所以二者不相等；

（4）函数 $y=\dfrac{x^2}{x}$ 的定义域为 $\{x|x\neq 0\}$，对应关系为 $f:x\rightarrow y=x$，尽管与函数 $y=x$ 的对应关系相同但定义域不同，所以二者不相等.

> **注意：**
> 由上面例题我们知道，同一个函数可以有多个表达式.

例3　已知函数 $f(x)=\sqrt{x+3}+\dfrac{1}{x+2}$，

(1) 求函数的定义域;

(2) 求 $f(-3)$, $f\left(\dfrac{2}{3}\right)$ 的值;

(3) 当 $a>0$ 时,求 $f(a)$, $f(a-1)$ 的值.

解:(1) 使得 $\sqrt{x+3}$ 有意义的 x 的取值范围是 $\{x\,|\,x\geqslant-3\}$;

使得分式 $\dfrac{1}{x+2}$ 有意义的 x 的取值范围是 $\{x\,|\,x\neq-2\}$,

所以这个函数的定义域为

$$\{x\,|\,x\geqslant-3\}\bigcap\{x\,|\,x\neq-2\}=\{x\,|\,-3\leqslant x<-2 \text{ 或 } x>-2\};$$

(2) $f(-3)=\sqrt{-3+3}+\dfrac{1}{-3+2}=-1$,

$f\left(\dfrac{2}{3}\right)=\sqrt{\dfrac{2}{3}+3}+\dfrac{1}{\dfrac{2}{3}+2}=\sqrt{\dfrac{11}{3}}+\dfrac{3}{8}=\dfrac{\sqrt{33}}{3}+\dfrac{3}{8}$;

(3) 由于 $a>0$,所以 $a-1>-1$,

因此 a,$a-1$ 都在该函数的定义域中,

故 $f(a)=\sqrt{a+3}+\dfrac{1}{a+2}$,$f(a-1)=\sqrt{a-1+3}+\dfrac{1}{a-1+2}=\sqrt{a+2}+\dfrac{1}{a+1}$.

例 4 求函数 $f(x)=x^2-3x-4$ 分别在下列定义域中的值域:

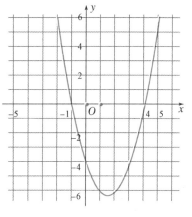

(1) $x\in\mathbf{R}$;(2) $x\in\{-1,0,1,2\}$;(3) $x\in[2,6]$;(4) $x\in(0,6]$.

解:对于函数 $f(x)=x^2-3x-4$,可解得与 x 轴的两个交点为 $(-1,0)$ 和 $(4,0)$,顶点坐标为 $\left(\dfrac{3}{2},-\dfrac{25}{4}\right)$,如图 3.2.2.

(1) 当 $x\in\mathbf{R}$ 时,由图可知函数 $f(x)=x^2-3x-4$ 的值域为 $\left[-\dfrac{25}{4},+\infty\right)$.

图 3.2.2

(2) 当 $x\in\{-1,0,1,2\}$ 时,因为 $f(-1)=0$,$f(0)=-4$,$f(1)=-6$,$f(2)=-6$,所以此时 $f(x)=x^2-3x-4$ 的值域为 $\{-6,-4,0\}$.

(3) 当 $x\in[2,6]$ 时,由图可知函数 $f(x)=x^2-3x-4$ 的值域为 $[-6,14]$.

(4) 当 $x\in(0,6]$ 时,由图可知函数 $f(x)=x^2-3x-4$ 的值域为 $\left[-\dfrac{25}{4},14\right]$.

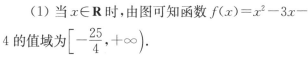
随堂练习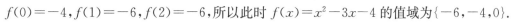

1. 用区间表示下列集合

(1) $\{x\,|\,-1\leqslant x\leqslant6,x\in\mathbf{R}\}$;

(2) $\{x\,|\,-1\leqslant x<6,x\in\mathbf{R}\}$;

(3) $\{x\,|\,x\leqslant2,x\in\mathbf{R}\}$;

(4) $\{x\,|\,x>0,x\in\mathbf{R}\}$;

(5) $\{x\,|\,x<3 \text{ 或 } x\geqslant 5, x\in \mathbf{R}\}$；　　　　(6) $\{x\,|\,x^2-2x-3>0, x\in \mathbf{R}\}$.

2. 在下列图像中，请指出哪些是函数图像，哪些不是，并说明理由.

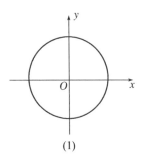

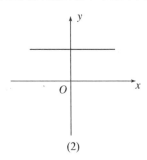

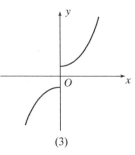

(1)　　　　　　　　　　　(2)　　　　　　　　　　　(3)

3. 求下列函数的定义域.

(1) $f(x)=-3x^2+x+1$；　　　　(2) $f(x)=\dfrac{1}{x+7}$；

(3) $f(x)=(x-1)^0$；　　　　(4) $f(x)=\dfrac{\sqrt{x+2}}{x-1}$；

(5) $f(x)=\sqrt{1-x}+\sqrt{x+4}+1$.

4. 判断下列函数 $f(x)$ 与 $g(x)$ 是否表示同一个函数，说明理由？

(1) $f(x)=(x-1)^0, g(x)=1$；

(2) $f(x)=\dfrac{x^2-9}{x+3}, g(x)=x-3$；

(3) $f(x)=x^2-1, g(x)=(x-1)^2$；

(4) $f(x)=|x-1|, g(x)=\sqrt{(x-1)^2}$；

(5) 函数 $f(x)=500x-5x^2$ 表示导弹飞行高度 $f(x)$ 与时间 x 的关系和二次函数 $g(x)=500x-5x^2$.

5. 已知函数 $f(x)=x-x^2$，求 $f(-1), f(0), f(1), f(x+1), f(x^2)+1$.

6. 已知函数 $f(x)=x^2-1$，求 $f(f(-1))$ 的值.

7. 求下列函数的值域.

(1) $f(x)=-x+5$；　　　　(2) $f(x)=3-2x, x\in\{2,3,4,5,6\}$；

(3) $f(x)=-2x-3, x\in(-1,2]$；　　　　(4) $f(x)=x^2-2x$；

(5) $f(x)=x^2-x, x\in\{2,3,4\}$；　　　　(6) $f(x)=x^2-x, x\in(-2,2]$.

3.2.2　函数的表示方法

我们已经知道，构成一个函数的三要素是定义域、值域和对应关系，只要能够清楚的表示出一个函数的三要素便可将函数表示出来.

表示函数的方法，常用的有解析法、列表法和图像法三种.

1. 解析法

用数学表达式表示两个变量之间的对应关系.

例如，$s=60t^2$，$S=\pi r^2$，$y=2x+1$，$y=3x^2+2x+1$ 等，都是用解析式表示函数关系的.

优点：一是简明、全面地概括了变量间的关系；二是可以通过解析式求出任意一个自变量的值所对应的函数值.

2. 列表法

列出表格来表示两个变量之间的对应关系. 例如，我国从 1949—1999 年人口数据表：

年份	1949	1954	1959	1964	1969	1974	1979	1984	1989	1994	1999
人口数	542	603	672	705	807	909	975	1035	1107	1177	1246

数学用表中的平方表、平方根表、三角函数表，银行里的利息表，列车时刻表等都是用列表法来表示函数关系的.

优点：不需计算就可直接看出与自变量的值相对应的函数值.

3. 图像法

用图像表示两个变量之间的对应关系.

例如，长沙市 2003 年 6 月份某一天的气温 T 随时间 t 变化的情况：

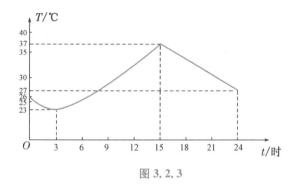

图 3.2.3

优点：函数的图像法能直观地反映出变量之间的关系，以及函数值的变化趋势，变量之间关系形象、直观.

例 5　购买某种饮料 x 听，所需钱数为 y 元，若每听 3 元，试用函数的三种表示方法将 y 表示成 $x(x \in \{1,2,3,4,5\})$ 的函数，并指出该函数的值域.

解：这函数的定义域是数集 $\{1,2,3,4,5\}$；

用解析法可以将函数 $y=f(x)$ 表示为 $y=3x, x \in \{1,2,3,4,5\}$，

值域为 $\{3,6,9,12,15\}$.

用列表法可以将函数 $y=f(x)$ 表示为

饮料数 x	1	2	3	4	5
钱数 y	3	6	9	12	15

用图像法可以将函数 $y=f(x)$ 表示为

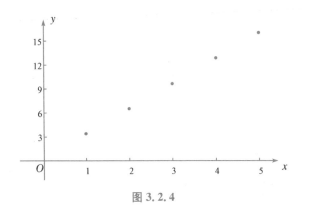

图 3.2.4

> 函数图像既可以是连续的曲线,也可以是直线、折线、离散的点等等.

思考:(1) 函数图像有何特征? 判断一个图像是不是函数图像的依据是什么?

(2) 所有的函数都可用解析法表示吗?

对于一个具体的问题,我们应根据不同的需要选择恰当的方法表示函数.

例 6 下表为某班三位同学在第一学年六次数学测试的成绩及班级平均分表

	第一次	第二次	第三次	第四次	第五次	第六次
王 伟	98	87	91	92	88	95
张 城	90	76	88	75	86	80
赵 磊	68	65	73	72	75	82
班平均分	88.2	78.3	85.4	80.3	75.7	82.6

请你对这三位同学在第一学年的数学学习情况做一个分析.

分析:从表中我们可以得到每位同学每次测试中的成绩,但不容易分析其成绩变化情况,若能够画出"成绩"与"测试次数"的函数图像,可以直观地看出成绩变化情况,并做学习情况分析.

解:画图如下

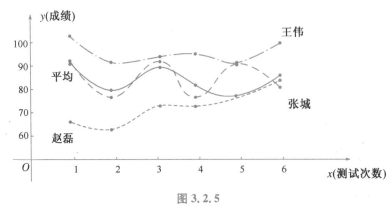

图 3.2.5

从图中我们可以看出：王伟同学的数学学习成绩始终高于班级平均水平,学习情况比较稳定而且成绩优.张城同学的数学成绩不稳定,总是在班级平均水平上下波动,而且波动幅度较大.赵磊同学的数学学习成绩低于班级平均水平,但他的成绩曲线呈上升趋势,表明他的数学成绩在稳步提高.

例 7　画出函数 $y=|x|$ 的图像

解:由绝对值的概念 $y=|x|$ 可以表示为

$$f(x)=\begin{cases}x, & x\geqslant0 \\ -x, & x<0\end{cases}.$$

当 $x\geqslant0$ 时,作出函数 $f(x)=x$ 的图像;

当 $x<0$ 时,作出函数 $f(x)=-x$ 的图像;

所以 $y=|x|$ 的图像如图 3.2.6 所示.

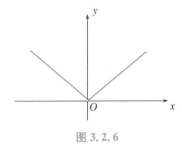

图 3.2.6

例 8　某市出租汽车的收费标准如下:

(1) 在 2.5 千米以内(含 2.5 千米)路程按起步价 7 元收费;

(2) 超过 2.5 千米的路程,超过的部分按每千米 1.2 元收费.

请根据题意,写出收费钱数与路程之间的函数解析式,并作出函数的图像.

分析:本例具有实际背景,所以解题时应考虑其实际意义,计费需分两种情况讨论,即当行驶车程没有超过 2.5 千米(含 2.5 千米)时按起步价付费;当行驶车程超过 2.5 千米时,收费钱数=起步价+1.2×超过部分.

解:设收费钱数为 $y=f(x)$ 元,路程为 x 千米,由题意可知,自变量 x 的取值范围是 $(0,+\infty)$.

由题分析可得如下函数解析式

$$f(x)=\begin{cases}7, & 0<x\leqslant2.5 \\ 7+1.2(x-2.5), & x>2.5\end{cases}.$$

由此解析式可以画出函数图像如下:

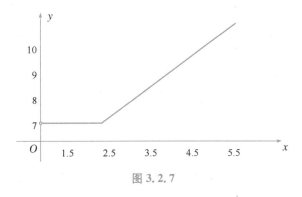

图 3.2.7

我们把像例 7、例 8 中这样的函数,称为**分段函数**.生活中,有很多可以用分段函数描述的实际问题,如出租车的计费、个人所得税纳税额等.

思考:如何求分段函数的定义域和值域?

随堂练习 ▶

1. 某市 2008 年统计的该市学生各年龄组的平均身高见下表：

年龄组(岁)	7	8	9	10	11	12	13	14	15	16	17
平均身高(cm)	115	118	122	126	129	135	140	146	154	162	168

(1) 从表中你能看出该市 14 岁的学生的平均身高是多少吗？

(2) 该市学生的平均身高从哪个年龄开始迅速增加？

(3) 上表反映了哪些变量之间的关系？其中哪个是自变量，哪个是因变量？

2. 某人某年 1 至 6 月的工资收入如下：1 月份为 1000 元；从第二个月开始，每月都比前一个月增加 300 元，用解析法、图像法、列表法表示工资收入 y 与月份 x 的函数关系．

3. 邮局寄信，重量不超过 20 g 时付邮资 0.5 元，超过 20 g 而不超过 40 g 付邮资 1 元．每封重量为 x g($0 < x \leqslant 40$) 的信应付邮资数 y(元)．试写出 y 关于 x 的函数解析式，并画出函数的图像．

4. 已知 A、B 两地相距 150 千米，某人开汽车以 60 千米/小时的速度从 A 地到达 B 地，在 B 地停留 1 小时后再以 50 千米/小时的速度返回 A 地．

(1) 试用时间 t(小时)表示汽车离开 A 地的距离 y(千米)；

(2) 作出函数 $y = f(t)$ 的图像．

5. 作出函数 $y = |x - 1|$ 的图像，并求出函数的值域．

习题 3.2

A 组

1. 下列图像中，哪些可以作为函数的图像，哪些不能，为什么？

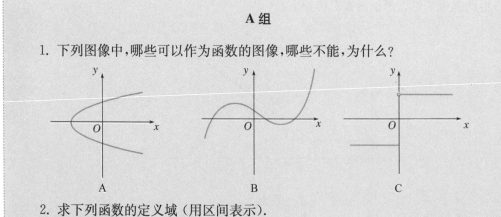

2. 求下列函数的定义域（用区间表示）．

(1) $f(x) = \dfrac{\sqrt{x+4}}{x+2}$；

(2) $f(x) = \sqrt{1-2x} + \sqrt{2x+3}$；

(3) $f(x) = \sqrt{-x^2 - 2x + 3}$；

(4) $f(x) = \sqrt{9-x} - \dfrac{(x-2)^0}{\sqrt{x+4}}$．

3. 下列哪组函数 $f(x)$ 与 $g(x)$ 相等?

(1) $f(x)=x-2, g(x)=\dfrac{x^2}{x}-2$;　　　　(2) $f(x)=x^2, g(x)=(\sqrt{x})^4$;

(3) $f(x)=x^2, g(x)=(\sqrt[3]{x})^6$.

4. 已知函数 $f(x)=3x^3+2x$.

(1) 求 $f(2), f(-2), f(2)+f(-2)$ 的值;

(2) 求 $f(a), f(-a), f(a)+f(-a)$ 的值.

5. 已知 $f(x)=3x^2-5x+2$, 求 $f(x+1), f(f(1)), f(f(x))$.

6. 若 $f(x)=x^2+ax+b$, 且 $f(1)=0, f(3)=0$, 求 $f(-1)$ 的值.

7. 求下列函数的值域:

(1) $y=2x+1, x\in\{1,2,3,4,5\}$;　　　　(2) $y=\sqrt{x}+1$;

(3) $y=x^2-4x+6, x\in[1,5)$;　　　　(4) $y=\dfrac{2}{x}$.

8. 已知函数 $f(x)=\begin{cases}x^2-4, & 0\leqslant x\leqslant 2 \\ 2x, & x>2\end{cases}$, 则 $f(2)=$ _____;若 $f(a)=8$, 则 $a=$ _____.

9. 作出下列函数的图像:

(1) $y=x+1, x\in\{-2,-1,0,1,2\}$;　　　　(2) $y=2x^2-4x-3, 1\leqslant x\leqslant 3$;

(3) $y=\begin{cases}0, x\leqslant 0, \\ x, x>0;\end{cases}$　　　　(4) $f(x)=\begin{cases}x, x\geqslant 0; \\ x^2, x<0.\end{cases}$

10. 如右图, 把截面半径为 10 cm 的圆形木头锯成矩形木料, 如果矩形的一条边长为 x, 面积为 y, 试把 y 表示成 x 的函数.

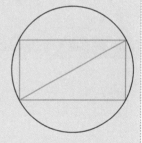

第 10 题图

11. 从甲地到乙地共 4 公里, 有一个学生从甲地到乙地, 走过的路程 (y) 与用的时间 (t) 的关系如图, 请根据图像写出路程 (y) 与时间 (t) 的函数解析式.

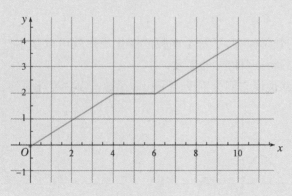

第 11 题图

12. 某学生从学校去展览馆参观, 上午七点出发, 先以每小时 5 km 的速度步行 12

分钟,再乘客车,速度为每小时 30 km,上午八点到达展览馆. 若以 t 表示时间,s 表示路程.(1) 求路程(s)与时间(t)的函数解析式;(2) 作出函数的图像.

B 组

1. 若 $f(x+1)=2x^2+1$,求 $f(x)$,$f(-1)$.

2. 一次函数 $f(x)$ 满足 $f[f(x)]=1+2x$,求 $f(x)$.

3. 任意画一个函数 $y=f(x)$ 的图像,然后作出 $y=|f(x)|$ 和 $y=f(|x|)$ 的图像,并尝试简要说明三者(图像)之间的关系.

4. 如图在边长为 4 的正方形 $ABCD$ 的边上有一点 P,它沿着折线 $BCDA$ 的方向由点 B(起点)向 A(终点)运动. 设点 P 运动的路程为 x,$\triangle ABP$ 的面积为 y.

(1) 求 y 关于 x 的函数表示式,并指出定义域;

(2) 画出 $y=f(x)$ 的图像.

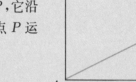

第 4 题图

5. 某地的中国移动"神州行"卡与中国联通 130 网的收费标准如下表:

网络	月租费	本地话费	长途话费
甲:联通 130 网	12 元	每分钟 0.36 元	每 6 秒钟 0.06 元
乙:移动"神州行"卡	无	每分钟 0.6 元	每 6 秒钟 0.07 元

(注:本地话费以分钟为单位计费,长途话费以 6 秒钟为单位计费)

若某人每月拨打本地电话时间是长途电话时间的 5 倍,且每月通话时间(分钟)的范围在区间(60,70)内,请问选择哪种网络较为省钱?

3.3 函数的基本性质

函数是描述事物变化规律的数学模型,了解了函数的变化规律就可以基本把握相应事物的变化规律,因此研究函数的特征(性质)很重要.

观察下列各个函数的图像,并说说它们分别反映了相应函数的哪些变化规律:

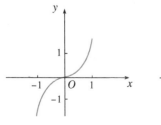
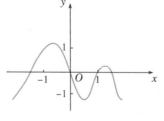
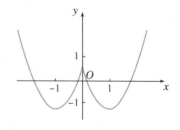

图 3.3.1

提示：(1) 随 x 的增大，y 的值有什么变化？

(2) 能否看出函数的最大、最小值？

(3) 函数图像是否具有某种对称性？

下面我们具体研究这些性质．

3.3.1 函数的单调性

探究：画出下列函数的图像，观察其变化规律，回答下列问题：

(1) $f(x)=x$；

① 从左至右图像上升还是下降？

② 在区间 ＿＿＿＿＿ 上，$f(x)$ 的值随着 x 的增大而 ＿＿＿＿．

(2) $f(x)=-x+2$；

① 从左至右图像上升还是下降？

② 在区间 ＿＿＿＿＿ 上，$f(x)$ 的值随着 x 的增大而 ＿＿＿＿．

(3) $f(x)=x^2$．

① 在区间 ＿＿＿＿＿ 上，$f(x)$ 的值随着 x 的增大而 ＿＿＿＿．

② 在区间 ＿＿＿＿＿ 上，$f(x)$ 的值随着 x 的增大而 ＿＿＿＿．

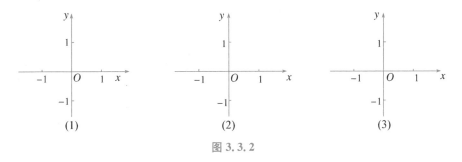

(1)　　　　　　　(2)　　　　　　　(3)

图 3.3.2

从上面的观察分析可以看出：不同的函数，其图像的变化趋势不同，同一函数在不同区间上变化趋势也不同，函数图像的这种"上升"和"下降"的性质就是我们本节所要研究的函数的一个重要性质——函数的单调性．

思考：函数 $y=x^2$ 的图像在 y 轴右侧是上升的，即函数值 y 随着 x 的增大而增大，如何用数学语言来描述它的这种变化趋势呢？

对于函数 $f(x)=x^2$：在区间 $(0,+\infty)$，任意取两个数 x_1，x_2，得到 $f(x_1)=x_1{}^2$，$f(x_2)=x_2{}^2$，当 $x_1<x_2$ 时，都有 $f(x_1)<f(x_2)$，这时我们就说函数 $f(x)=x^2$ 在区间 $(0,+\infty)$ 上是增函数．

一般地，设函数 $y=f(x)$ 的定义域为 I，如果对于定义域 I 内的某个区间 D 内的任意两个自变量 x_1，x_2．

> 仿照这样的描述，你能用数学语言说出函数 $y=x^2$ 在区间 $(-\infty,0]$ 上的变化趋势吗？

当 $x_1 < x_2$ 时,都有 $f(x_1) < f(x_2)$,那么就说 $f(x)$ 在区间 D 上是增函数(如图 3.3.3).

当 $x_1 < x_2$ 时,都有 $f(x_1) > f(x_2)$,那么就说 $f(x)$ 在区间 D 上是减函数(如图 3.3.4).

如果函数 $f(x)$ 在某个区间 D 上是增函数或减函数,就说 $f(x)$ 在这一区间上具有(严格的)单调性,区间 D 叫作函数 $f(x)$ 的单调区间.

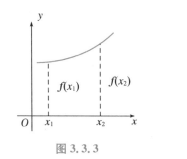

图 3.3.3

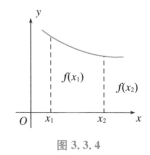

图 3.3.4

注意:

(1) 函数的单调性是在定义域内的某个区间上的性质,是函数的局部性质;

(2) 反映在图像上,若 $f(x)$ 是区间 D 上的增(减)函数,则图像在 D 上的部分从左到右是上升(下降)的.

例1 如图是定义在 $[-5,5]$ 上的函数 $y = f(x)$,根据图像说出该函数的单调区间及单调性.

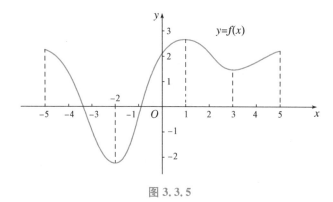

图 3.3.5

解:函数 $y = f(x)$ 的单调区间有 $[-5,-2)$,$[-2,1)$,$[1,3)$,$[3,5]$.其中函数 $y = f(x)$ 在区间 $[-5,-2)$,$[1,3)$ 上是减函数,在区间 $[-2,1)$,$[3,5]$ 上是增函数.

例2 根据下列函数的图像,指出它们的单调区间及单调性,并运用定义进行证明.

(1) $f(x) = -3x + 2$；   (2) $f(x) = \dfrac{1}{x}$.

解:(1) 作图

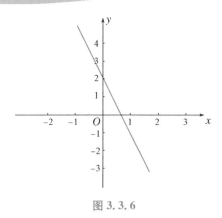

图 3.3.6

通过观察图像知道,函数 $f(x)=-3x+2$ 的单调区间为 $(-\infty,+\infty)$,且在其上是单调减函数.

定义证明:任取 $x_1,x_2\in(-\infty,+\infty)$,且 $x_1<x_2$,则
$$f(x_1)-f(x_2)=-3(x_1-x_2),$$

因为 $x_1-x_2<0$,所以 $f(x_1)-f(x_2)>0$,即 $f(x_1)>f(x_2)$,

从而函数 $f(x)=-3x+2$ 在区间 $(-\infty,+\infty)$ 上是单调减函数.

(2) 作图

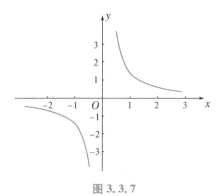

图 3.3.7

通过观察图像知道,函数 $f(x)=\dfrac{1}{x}$ 的单调区间是 $(-\infty,0)$、$(0,+\infty)$,且在区间 $(-\infty,0)$ 上是单调减函数;在区间 $(0,+\infty)$ 上也是单调减函数.

定义证明:任取 $x_1,x_2\in(-\infty,0)$,且 $x_1<x_2$,则
$$f(x_1)-f(x_2)=\dfrac{x_2-x_1}{x_1x_2},$$

因为 $x_2-x_1>0$ 且 $x_1x_2>0$,所以 $f(x_1)-f(x_2)>0$,即 $f(x_1)>f(x_2)$,

从而函数 $f(x)=\dfrac{1}{x}$ 在区间 $(-\infty,0)$ 上是单调减函数;

同理可证函数 $f(x)=\dfrac{1}{x}$ 在区间 $(0,+\infty)$ 上也是单调减函数.

归纳：利用定义证明函数 $f(x)$ 在给定的区间 D 上的单调性的一般步骤：

① 任取 $x_1,x_2\in D$，且 $x_1<x_2$；

② 作差 $f(x_1)-f(x_2)$；

③ 变形（通常是因式分解和配方）；

④ 定号（判断 $f(x_1)-f(x_2)$ 的正负）；

⑤ 下结论（指出函数 $f(x)$ 在给定的区间 D 上的单调性）.

思考： 在本例(2)中能否得到函数 $f(x)=\dfrac{1}{x}$ 在 $(-\infty,0)\cup(0,+\infty)$ 为减函数？为什么？

例 3 物理学中的玻意耳定律 $p=\dfrac{k}{V}$（k 为正常数），告诉我们对于一定量的气体，当其体积 V 减小时，压强 p 如何变化？试用单调性定义证明.

分析：按题意，只要证明函数 $p=\dfrac{k}{V}$ 在区间 $(0,+\infty)$ 上是减函数即可.

证明：设 V_1,V_2 是定义域 $(0,+\infty)$ 上的任意两个实数，且 $V_1<V_2$，则

实际问题与函数模型之间的关联十分密切，我们常常借助函数的单调性解决问题.

$$p(V_1)-p(V_2)=\dfrac{k}{V_1}-\dfrac{k}{V_2}=k\,\dfrac{V_2-V_1}{V_1V_2},$$

由 $V_1,V_2\in(0,+\infty)$，得 $V_1V_2>0$；

由 $V_1<V_2$，得 $V_2-V_1>0$.

又 $k>0$，于是 $p(V_1)-p(V_2)>0$，即 $p(V_1)>p(V_2)$.

所以，函数 $p=\dfrac{k}{V}$，$V\in(0,+\infty)$ 是减函数. 即当体积 V 减小时，压强 p 将增大.

随堂练习 ▶

1. 画出下列函数的图像，根据图像指出函数的单调区间及单调性.
(1) $y=-x^2+2$；　　(2) $f(x)=|x|$；　　(3) $f(x)=x^3$.

2. 证明函数 $f(x)=-x^2+x$ 在 $\left(\dfrac{1}{2},+\infty\right)$ 上为减函数.

3. 已知函数 $y=\dfrac{1}{x+1}$. 问：(1) 这个函数的定义域是什么？(2) 它在定义域 I 上的单调性怎样？证明你的结论.

4. 求证：函数 $f(x)=x+\dfrac{1}{x}$ 在区间 $(0,1)$ 上是减函数.

5. 讨论函数 $y=mx+b$ 在区间 $(-\infty,+\infty)$ 上的单调性.

6. 已知函数 $f(x)$ 的定义域是 F，函数 $g(x)$ 的定义域是 G，且对于任意的 $x\in F\cap G$，试根据下表中所给的条件，用"增函数""减函数""不能确定"填空.

$f(x)$	$g(x)$	$f(x)+g(x)$	$f(x)-g(x)$
增	增		
增	减		
减	增		
减	减		

3.3.2 函数的最大(小)值

画出下列函数的图像,指出图像的最高点或最低点,并说明它能体现函数的什么特征?

函数	最高点	最低点
$f(x)=-2x+3$		
$f(x)=-2x+3,x\in[-1,2]$		
$f(x)=x^2+2x+1$		
$f(x)=x^2+2x+1,x\in[-2,2]$		

当一个函数有最低点时,我们就说函数 $f(x)$ 有最小值. 当一个函数有最高点时,我们就说函数 $f(x)$ 有最大值. 反之,则没有最小值和最大值.

思考:由上面的讨论,体现了函数值的什么特征?

一般地,设函数 $y=f(x)$ 的定义域为 I,如果存在实数 M 满足:
(1) 对于任意的 $x\in I$,都有 $f(x)\leqslant M$;
(2) 存在 $x_0\in I$,使得 $f(x_0)=M$.
那么,称 M 是函数 $y=f(x)$ 的最大值.

思考:你能依照函数最大值的定义,写出函数 $y=f(x)$ 的最小值的定义吗?

例4 一枚炮弹发射,炮弹距地面高度 h(米)与时间 t(秒)的变化规律是 $h(t)=-5t^2+130t$,那么什么时刻距离地面的高度达到最大? 最大值是多少?

解:作出函数 $h(t)=-5t^2+130t$ 的图像,函数图像的顶点就是炮弹距离地面的最高点,顶点的横坐标就是炮弹达到最高点的时刻,纵坐标就是距离地面的高度.

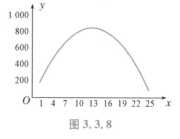
图 3.3.8

由二次函数的知识可知,当 $t=13$ 时,函数有最大值 $h(t)=-5\times 13^2+130\times 13=845$.

于是,当炮弹发射 13 s 后达到最高点,高度为 845 米.

例5 求函数 $f(x)=\dfrac{2}{x-1}$ 在区间$[2,6]$上的最大值和最小值.

解:法一:图像法

由函数图像可知,函数 $f(x)=\dfrac{2}{x-1}$ 在区间 $[2,6]$ 上递减.所以函数在区间的两个端点处取得最大值和最小值,即当 $x=2$ 时,$f(x)_{\max}=2$;$x=6$ 时,$f(x)_{\min}=\dfrac{2}{5}$.

法二:设 x_1,x_2 是区间 $[2,6]$ 上的任意两个实数,且 $x_1<x_2$,则

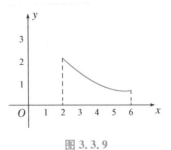

图 3.3.9

$$f(x_1)-f(x_2)=\frac{2}{x_1-1}-\frac{2}{x_2-1}$$
$$=\frac{2[(x_2-1)-(x_1-1)]}{(x_1-1)(x_2-1)}$$
$$=\frac{2(x_2-x_1)}{(x_2-1)(x_2-1)}.$$

由 $2\leqslant x_1<x_2\leqslant 6$,得 $x_2-x_1>0$,$(x_1-1)(x_2-1)>0$,于是
$$f(x_1)-f(x_2)>0,$$
即
$$f(x_1)>f(x_2).$$

所以,函数 $f(x)=\dfrac{2}{x-1}$ 是区间 $[2,6]$ 上的减函数.

因此,该函数在端点 $x=2$ 处取得最大值 2,在 $x=6$ 处取得最小值 $\dfrac{2}{5}$.

例 6 将进货单价 40 元的商品按 50 元一个售出时,能卖出 500 个,若此商品每个涨价 1 元,其销售量减少 10 个,为了赚到最大利润,售价应定为多少?

分析:对于具有实际背景的问题,首先要仔细审清题意,设出合适的变量,建立适当的函数模型,然后利用函数的性质或图像确定函数的最大(小)值.

解:设利润为 y 元,每个售价为 x 元,则每个涨 $(x-50)$ 元,从而销售量减少 $10(x-50)$ 个,共售出 $500-10(x-50)=1000-10x$ 个,可获得利润 $(x-40)(1000-10x)$ 元.

因此,$y=(x-40)(1000-10x)=-10x^2+1400x-40000(50\leqslant x<100)$,故当 $x=70$ 时,$y_{\max}=9000$ 元.

答:为了赚取最大利润,售价应定为 70 元.

> **知识拓展:**
>
> 求二次函数在闭区间上的值域,需根据对称轴与闭区间的位置关系,结合函数图像进行研究. 例如求 $f(x)=x^2-ax$ 在区间 $[m,n]$ 上的值域,则先求得对称轴 $x=\dfrac{a}{2}$,再分 $\dfrac{a}{2}<m$、$m\leqslant\dfrac{a}{2}<\dfrac{m+n}{2}$、$\dfrac{m+n}{2}\leqslant\dfrac{a}{2}<n$、$\dfrac{a}{2}\geqslant n$ 等四种情况,由图像观察得解.

随堂练习

1. 作出函数 $y=x^2-2x+3$ 的简图,研究当自变量 x 在下列范围内取值时的最大值

与最小值.

(1) $-1 \leqslant x \leqslant 0$;   (2) $0 \leqslant x \leqslant 3$;   (3) $x \in (-\infty, +\infty)$.

2. 已知 $f(x)$ 在区间 $[a,c]$ 上单调递减,在区间 $[c,d]$ 上单调递增,则 $f(x)$ 在 $[a,d]$ 上最小值为_____.

3. 一段竹篱笆长 20 米,围成一面靠墙的矩形菜地,如何设计使菜地面积最大?

4. 求函数 $f(x) = x^2 - 2ax - 1$ 在 $x \in [0,2]$ 上的最小值.

3.3.3 函数的奇偶性

1. 偶函数

观察下列图像有什么共同特征?

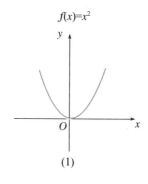

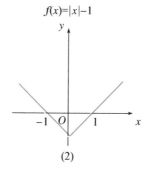

图 3.3.10

可以看出,这两个函数的图像都关于 y 轴对称.通过计算可以发现,在定义域内,当自变量取互为相反数的两个值时,它们对应的函数值相等.

例如,对于函数 $f(x) = x^2$

$f(1) = 1 = f(-1), f(2) = 4 = f(-2), f(3) = 9 = f(-3), \cdots$,

实际上,对于函数 $f(x) = x^2$ 定义域中的每一个 x,都有 $f(x) = x^2 = (-x)^2 = f(-x)$,这时我们称函数 $f(x) = x^2$ 为偶函数.

一般地,对于函数 $y = f(x)$,定义域 I 关于坐标原点对称.如果对于函数定义域内任意一个 x,都有 $f(-x) = f(x)$,那么函数 $y = f(x)$ 就叫作偶函数.

思考:函数 $f(x) = x^2, x \in [-1,2]$ 是不是偶函数?

2. 奇函数

观察函数 $y = x, y = \dfrac{1}{x}, y = x^3$ 的图像有什么共同特征?如何利用函数解析式描述这些特征?

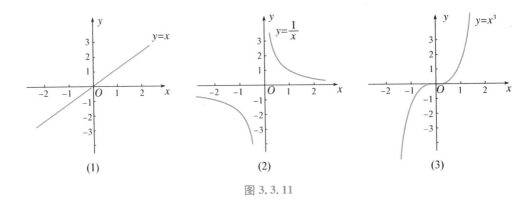

图 3.3.11

可以看到这些函数图像均是关于原点对称的. 通过计算可以发现, 在定义域内, 当自变量取互为相反数的两个值时, 它们对应的函数值也互为相反数.

以 $f(x)=x$ 为例:

$f(-1)=-1=-f(1), f(-2)=-2=-f(2), f(-3)=-3=-f(3), \cdots$

实际上, 对于函数 $f(x)=x$ 的定义域中的每一个 x, 都有 $f(-x)=-x=-f(x)$, 这时我们称函数 $f(x)=x$ 为奇函数.

一般地, 对于函数 $y=f(x)$, 定义域 I 关于坐标原点对称. 如果对于函数定义域内任意一个 x, 都有 $f(-x)=-f(x)$, 那么函数 $y=f(x)$ 就叫作奇函数.

> **思考:**
> 有没有既是奇函数又是偶函数的函数?

如果函数是奇函数或是偶函数, 就称函数具有奇偶性. 函数的奇偶性是函数的整体性质.

> **注意:**
> (1) 具有奇偶性的函数的图像的特征:
> 偶函数的图像关于 y 轴对称; 奇函数的图像关于原点对称.
> (2) 不是任何函数都具有奇偶性, 有的函数既不是奇函数, 也不是偶函数.

例 7 画出下列函数的图像, 并根据图像说出它们的奇偶性

(1) $f(x)=3x$;　　　(2) $f(x)=x^2+1$.

解: 作出一次函数 $f(x)=3x$ 和二次函数 $f(x)=x^2+1$ 的图像, 如下

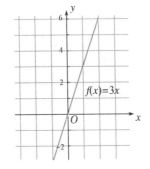 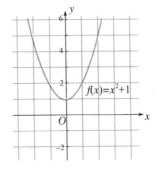

图 3.3.12

(1) 函数 $f(x)=3x$ 的图像是关于坐标原点对称的,所以 $f(x)=3x$ 是奇函数.

(2) 函数 $f(x)=x^2+1$ 的图像是关于 y 轴对称的,所以 $f(x)=x^2+1$ 是偶函数.

例 8 判断下列函数的奇偶性:

(1) $f(x)=2|x|$; (2) $f(x)=x^3$;

(3) $f(x)=x+\dfrac{1}{x}$; (4) $f(x)=x^2-1,x\in(0,1)$.

分析:判断函数的奇偶性,先判断函数的定义域是否关于原点对称,再计算 $f(-x)$,并与 $f(x)$ 进行比较.

解:(1) 对于函数 $f(x)=2|x|$,其定义域为 $(-\infty,+\infty)$.因为对于定义域内的每一个 x,都有

$$f(-x)=2|-x|=2|x|=f(x)$$

所以函数 $f(x)=2|x|$ 是偶函数.

(2) 对于函数 $f(x)=x^3$,其定义域为 $(-\infty,+\infty)$.因为对于定义域内的每一个 x,都有

$$f(-x)=(-x)^3=-x^3=-f(x)$$

所以函数 $f(x)=x^3$ 是奇函数.

(3) 对于函数 $f(x)=x+\dfrac{1}{x}$,其定义域为 $\{x\,|\,x\neq0\}$.因为对于定义域内的每一个 x,都有

$$f(-x)=-x+\dfrac{1}{-x}=-\left(x+\dfrac{1}{x}\right)=-f(x)$$

所以函数 $f(x)=x+\dfrac{1}{x}$ 是奇函数.

(4) 对于函数 $f(x)=x^2-1$,其定义域为 $(0,1)$.因为定义域关于原点不对称,所以函数 $f(x)=x^2-1(x\in(0,1))$ 既不是奇函数也不是偶函数.

例 9 右图是函数 $y=f(x)$ 在 y 轴右边的图像,如果函数 $y=f(x)$ 是奇函数,试把函数 $y=f(x)$ 的图像画完整.

作法:因为函数 $y=f(x)$ 是奇函数,则它的图像关于坐标原点对称.在已知图像上取若干个点,画出这些点关于原点的对称的点,然后用光滑的曲线将这些点连接起来即可,见图 3.3.13 y 轴左边部分为所画的图像.

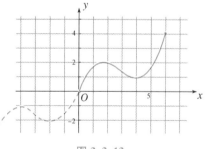

图 3.3.13

本例中,若 $y=f(x)$ 为偶函数,则该函数在 y 轴左边函数的图像该怎么画?

随堂练习

1. 判断下列函数的奇偶性:

(1) $f(x)=x^3+x$; (2) $f(x)=x^4-3x^2+2$;

(3) $f(x) = \dfrac{x}{1+x^2}$;

(4) $f(x) = \sqrt{x^2-4} + \sqrt{4-x^2}$;

(5) $f(x) = (x-1)^2$;

(6) $f(x) = 0$.

2. 对于定义在 **R** 上的函数 $y = f(x)$，下列命题正确的是：

(1) 若 $f(-2) = f(2)$，则函数 $y = f(x)$ 为偶函数；

(2) 若 $f(-2) = -f(2)$，则函数 $y = f(x)$ 为奇函数；

(3) 当 $f(-2) \neq f(2)$，则函数 $y = f(x)$ 不是偶函数；

(4) 若 $f(-2) \neq -f(2)$，则函数 $y = f(x)$ 不是奇函数.

3. 若函数 $y = f(x)$ 在 **R** 上是奇函数，且 $f(5) = 3$，求 $f(-5)$ 和 $f(0)$ 的值.

4. 下图是函数 $y = f(x)$ 在 y 轴左边的图像. 如果函数 $y = f(x)$ 是偶函数，试把函数 $y = f(x)$ 的图像画完整.

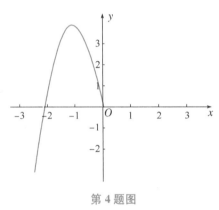

第 4 题图

习题 **3.3**

A 组

1. 画出下列函数的图像，根据图像说出函数 $y = f(x)$ 的单调区间，并求出函数的最值.

(1) $y = -x^2 + 4$;

(2) $y = x^2 + 2x - 6$.

2. 已知函数 $f(x) = x^2 - 4x$，$g(x) = x^2 - 4x (x \in [3,5])$.

(1) 求 $f(x)$，$g(x)$ 的单调区间；

(2) 求 $f(x)$，$g(x)$ 的最小值.

3. 求函数 $f(x) = x + \dfrac{1}{x}$ 在 $[2,4]$ 内的最大值和最小值.

4. 判断下列函数的奇偶性：

(1) $y = 6x$;

(2) $y = x^2 + 3$;

(3) $y = |x| - 6, x \in (-3,3)$;

(4) $y = x^3 + 1$;

(5) $y = \sqrt{1-x} \cdot \sqrt{1+x}$;

(6) $f(x) = |x+1| + |x-1|$.

5. 已知函数 $f(x)=x-\dfrac{1}{x}$,

(1) 判断函数 $f(x)$ 的奇偶性,并证明;

(2) 判断函数 $f(x)$ 的单调性,并证明.

6. 函数 $y=f(x)$ 是 $[-2,2]$ 上的奇函数,若在 $[0,2]$ 上有最大值 5,求 $y=f(x)$ 在 $[-2,0]$ 上的最值.

7. 函数 $f(x)=x^3+bx^2+cx$ 是奇函数,函数 $g(x)=x^2+(c-2)x+5$ 是偶函数,则 $b=$ _____,$c=$ _____.

8. 某产品单价是 120 元,可销售 80 万件. 市场调查后发现规律:降价 x 元后可多销售 $2x$ 万件.写出销售金额 y(万元)与 x 的函数关系式,并求当降价多少元时,销售金额最大? 最大值是多少?

B 组

1. 设 $y=f(x)$ 是 **R** 上的偶函数,且在 $[0,+\infty)$ 上递增,比较 $f(2)$、$f(-\pi)$、$f(3)$ 大小.

2. 已知函数 $f(x)$ 是定义在 **R** 上的奇函数,当 $x>0$ 时,$f(x)=x(1-x)$.画出函数 $f(x)$ 的图像,并求出函数的解析式.

3. 作出函数 $y=f(x)=x^2-2|x|-3$ 的图像,指出单调区间及单调性.

提示:利用偶函数性质,先作 y 轴右边,再对称作图.

4. 已知 $f(x)$ 是定义在 $(-1,1)$ 上的减函数,且 $f(2-a)-f(a-3)<0$. 求实数 a 的取值范围.

5. 动物园要建造一面靠墙的两间面积相同的矩形熊猫居室,如果可供建造围墙的材料总长是 30 m,那么宽 x(单位:m)为多少时,才能使所建造的每间熊猫居室面积最大? 每间熊猫居室的最大面积是多少 m^2?

3.4 反函数

1. 反函数的概念

反函数是数学中的一个很重要的概念,它是我们以后进一步研究具体函数的一个不可缺少的重要组成部分.

思考:有一个正方形水池,其边长为 x 米(不超过 6 米),周长为 y. 用边长 x 表示周长 y,该如何表示? 用周长 y 表示边长 x,又该如何表示? 这两个式子有什么关系?

由上例可知,用边长 x 表示周长 y 为 $y=4x$,用周长 y 表示边长 x 为 $x=\dfrac{y}{4}$,并且这两个式子都是函数.

函数 $y=4x$ 的自变量为 x,定义域为 $\{x|0<x\leqslant6\}$,值域为 $\{y|0<y\leqslant24\}$.

函数 $x=\dfrac{y}{4}$ 的自变量为 y,定义域为 $\{y|0<y\leqslant24\}$,值域为 $\{x|0<x\leqslant6\}$.

从函数 $y=4x(0<x\leqslant6)$ 中解出 x,能够得到函数 $x=\dfrac{y}{4}(0<y\leqslant24)$,此时称函数 $x=\dfrac{y}{4}(0<y\leqslant24)$ 为函数 $y=4x(0<x\leqslant6)$ 的反函数.

反之,从函数 $x=\dfrac{y}{4}(0<y\leqslant24)$ 中解出 y,能够得到函数 $y=4x(0<x\leqslant6)$,这时,称函数 $y=4x(0<x\leqslant6)$ 为函数 $x=\dfrac{y}{4}(0<y\leqslant24)$ 的反函数.

一般地,设 $f(x)$ 表示 y 是自变量 x 的函数,它的定义域为 D,值域为 M. 根据函数 $y=f(x)$ 中 x,y 的关系,用 y 把 x 表示出来,得到 $x=g(y)$. 如果对于 y 在 M 中的任何一个值,通过 $x=g(y)$,x 在 D 中都有唯一的值和它对应,那么 $x=g(y)$ 就表示 y 是自变量,x 是 y 的函数. 这样的函数 $x=g(y)(y\in M)$,叫作函数 $y=f(x)(x\in D)$ 的反函数,记作:$x=f^{-1}(y),y\in M$.

即 $$x=g(y)=f^{-1}(y),y\in M.$$

在函数 $x=f^{-1}(y)$ 中,y 表示自变量,x 表示函数. 但习惯上,一般用 x 表示自变量,用 y 表示函数. 所以将 $x=f^{-1}(y)$ 中的字母 x、y 互换,把它改写为 $y=f^{-1}(x),x\in M$.

由反函数的定义可知,函数 $y=f(x)$ 与其反函数 $y=f^{-1}(x)$ 的定义域与值域之间的关系为

	$y=f(x)$	$y=f^{-1}(x)$
定义域	D	M
值域	M	D

例1 求下列函数的反函数:

(1) $y=-2x+3(x\in\mathbf{R})$； (2) $y=x^3+1(x\in\mathbf{R})$；

(3) $y=\sqrt{x}+1(x\geqslant0)$； (4) $y=\dfrac{2x+3}{x-1}(x\in\mathbf{R},$且 $x\neq1)$.

解:(1) 因为 $x\in\mathbf{R}$,所以函数 $y=-2x+3$ 的值域为 $\mathbf{R}$,

由 $y=-2x+3$ 得 $x=-\dfrac{y-3}{2}$,

所以函数 $y=-2x+3(x\in\mathbf{R})$ 的反函数是 $y=-\dfrac{x-3}{2}(x\in\mathbf{R})$.

(2) 因为 $x\in\mathbf{R}$,所以函数 $y=x^3+1$ 的值域为 R,

由 $y=x^3+1$ 得 $x=\sqrt[3]{y-1}$,

所以函数 $y=x^3+1(x\in\mathbf{R})$ 的反函数是 $y=\sqrt[3]{x-1}(x\in\mathbf{R})$.

(3) 因为 $x\geqslant0$,所以函数 $y=\sqrt{x}+1$ 的值域为 $\{y|y\geqslant1\}$,

由 $y=\sqrt{x}+1$ 得 $x=(y-1)^2$,

所以函数 $y=\sqrt{x}+1(x\geqslant 0)$ 的反函数是 $y=(x-1)^2(x\geqslant 1)$.

(4) 因为 $x\neq 1$,所以函数 $y=\dfrac{2x+3}{x-1}$ 的值域为 $\{y\mid y\neq 2\}$,

由 $y=\dfrac{2x+3}{x-1}$ 得 $x=\dfrac{y+3}{y-2}$,

所以函数 $y=\dfrac{2x+3}{x-1}(x\in \mathbf{R},$且 $x\neq 1)$ 的反函数是 $y=\dfrac{x+3}{x-2}(x\in \mathbf{R},x\neq 2)$.

> 归纳:求反函数的方法步骤:
> ① 求出原函数的值域,即求出反函数的定义域;
> ② 由 $y=f(x)$ 反解出 $x=f^{-1}(y)$,即把 x 用 y 表示出来;
> ③ 将 x 和 y 互换得反函数 $y=f^{-1}(x)$,并写出其定义域.

> 注意:
> (1) 求反函数前先判断这个函数是否有反函数,即判断映射是否是一一映射.
> (2) 反函数的定义域由原来函数的值域得到,而不能由反函数的解析式得到.

2. 函数与反函数图像间的关系

例 2 求函数 $y=3x-2(x\in \mathbf{R})$ 的反函数,并在同一直角坐标系中画出它们的图像.

解:因为 $x\in \mathbf{R}$,函数 $y=3x-2$ 的值域为 $\mathbf{R}$,由 $y=3x-2$ 解得 $x=\dfrac{y+2}{3}$,

所以函数 $y=3x-2(x\in \mathbf{R})$ 的反函数是 $y=\dfrac{x+2}{3}(x\in \mathbf{R})$.它们的图像为

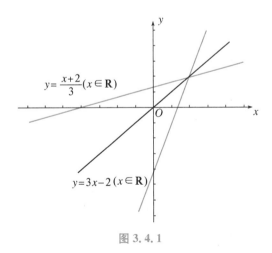

图 3.4.1

例 3 求函数 $y=x^3(x\in \mathbf{R})$ 的反函数,并在同一直角坐标系中画出它们的图像.

解:因为 $x\in \mathbf{R}$,函数 $y=x^3$ 的值域为 $\mathbf{R}$,由 $y=x^3$ 解得 $y=\sqrt[3]{x}$,

所以函数 $y=x^3(x\in \mathbf{R})$ 的反函数是 $y=\sqrt[3]{x}(x\in \mathbf{R})$.它们的图像为

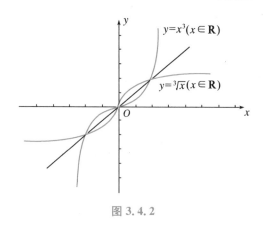

图 3.4.2

由上述例题我们可以得到：

函数 $y=f(x)$ 的图像和它的反函数 $y=f^{-1}(x)$ 的图像关于直线 $y=x$ 对称.

思考：你能求出点 $A(x,y)$ 关于 x 轴，y 轴，坐标原点和直线 $y=x$ 对称的点的坐标吗？

随堂练习

1. 已知下列函数 $y=f(x)$，求它的反函数 $y=f^{-1}(x)$，并在同一坐标系中画出它们的图像.

(1) $y=-\dfrac{1}{x}(x\neq0)$；　　　　(2) $y=x-\dfrac{1}{2}$.

2. 画出函数 $y=x^2(x\in[0,+\infty))$ 的图像，再利用对称关系，画出它的反函数的图像.

3. 函数 $y=ax+2$ 与函数 $y=3x-b$ 的图像关于直线 $y=x$ 对称，求 a,b 的值.

习题 3.4

A 组

1. 求下列函数的反函数：

(1) $f(x)=1-\sqrt{1-x^2}\ (-1<x<0)$；

(2) $f(x)=x^2-2x\ (x\geqslant2)$；

(3) $f(x)=\sqrt{-x-2}\ (x\leqslant-2)$.

2. 已知 $f(x)=\dfrac{1}{1-x^2}\ (x<-1)$，求 $f^{-1}\left(-\dfrac{1}{3}\right)$.

3. 函数 $y=\dfrac{ax+b}{x+c}\ (x\in\mathbf{R}\ 且\ x\neq-c)$ 的反函数为 $y=\dfrac{3x-1}{x+2}$，求 a,b,c 的值.

4. 已知 $f^{-1}(x)=2\sqrt{x}-3(x\geqslant1)$，求 $f(x)$.

B 组

1. 函数 $f(x)$ 在区间 $(0,+\infty)$ 上为递增函数，试比较 $f^{-1}(1)$ 与 $f^{-1}(3)$ 的大小关系？

2. 若 $y=ax+b(a\neq0)$ 有反函数且它的反函数就是 $y=ax+b$ 本身，求 a,b 应满足的条件.

3.5 函数应用举例

在日常生活中函数有着广泛的应用，下面是利用函数解决实际问题的几个实例.

例1 某农家旅游公司有客房 300 间，每间日房租为 20 元，每天都客满. 公司欲提高档次，并提高租金，如果每间客房日增加 2 元，客房出租数就会减少 10 间. 若不考虑其他因素，旅社将房间日租金提高到多少元时，客房的租金总收入最高？

解：设客房日租金每间提高 $2x$ 元，租金总收入为 y 元，则客房每天出租数为 $(300-10x)$ 间，租金总收入为 $(20+2x)(300-10x)$ 元.

由 $x>0$，且 $300-10x>0$，得 $0<x<30$.

因此
$$y=(20+2x)(300-10x)$$
$$=-20(x-10)^2+8000(0<x<30),$$

由二次函数性质可知，当 $x=10$ 时，$y_{max}=8000$.

所以当每间客房日租金提高到 $20+10\times2=40$ 元时，客房租金总收入最高，为 8000 元.

例2 从事经营活动的有关部门必须向政府税务缴纳一定的营业税. 某地区税务部门对餐饮业的征税标准如下表：

每月的营业额	征税情况
1000 元以下（包含 1000 元）	300 元
超过 1000 元	1000 元以下（包括 1000 元）部分征收 300 元，超过部分的税率为 4%

(1) 写出每月征收的税金 y(元) 与营业额 x(元) 之间的函数关系式；

(2) 某饭店 5 月份的营业额是 35000 元，这个月该饭店应缴纳税金多少元？

分析:纳税是每个公民应尽的义务,不同的收入有不同的征收办法.本题分两种不同的标准进行纳税,相应的收入对应相应的纳税标准.

解:(1) 设 x 为某饭店的营业额,y 为对应营业额应缴纳的税金.

由题可知,当 $x \leqslant 1000$ 元时,应缴纳税金 300 元;

当 $x > 1000$ 元时,应缴纳税金 $y = 300 + (x-1000) \times 4\%$.

所以每月征收的税金 y(元)与营业额 x(元)之间的函数关系式为

$$y = \begin{cases} 300, & 0 < x \leqslant 1000 \\ 300 + (x-1000) \times 4\%, & x > 1000 \end{cases}$$

(2) 当 $x = 35000$ 时,因为 $35000 > 1000$,

所以应缴纳的税金为 $y = 300 + (35000-1000) \times 4\% = 1660$ 元.

例 3 某市居民自来水收费标准如下:每户每月用水不超过 4 吨时,每吨为 1.80 元,当用水超过 4 吨时,超过部分每吨 3.00 元.已知某月甲、乙两户共交水费 y 元,甲、乙两用户该月用水量分别为 $5x,3x$ 吨.

(1) 求 y 与 x 的函数关系式;

(2) 若甲、乙两户该月共交水费 26.4 元,分别求出甲、乙两户该月的用水量和水费.

分析:本题为我们日常生活计算水费问题,根据水量的不同有两种计算水费的方法,因此本题分两种情况构建水费与用水的函数关系式.

解:(1) 当甲的用水量不超过 4 吨时,即 $5x \leqslant 4$,乙的用水量也不会超过 4 吨,此时
$$y = (5x+3x) \times 1.8 = 14.4x;$$

当甲的用水量超过 4 吨,乙的用水量不超过 4 吨时,即 $5x > 4$ 且 $3x \leqslant 4$,此时
$$y = 4 \times 1.8 + (5x-4) \times 3 + 3x \times 1.8 = 20.4x - 4.8;$$

当乙的用水量超过 4 吨时,甲的用水量一定也超过了 4 吨,即 $3x > 4$,此时
$$y = 4 \times 1.8 + (5x-8) \times 3 + 4 \times 1.8 + (3x-8) \times 3 = 24x - 9.6;$$

因此 y 与 x 的函数关系式为

$$y = \begin{cases} 14.4x, & 0 \leqslant x \leqslant \dfrac{4}{5} \\ 20.4x - 4.8, & \dfrac{4}{5} < x \leqslant \dfrac{4}{3} \\ 24x - 9.6, & x > \dfrac{4}{3} \end{cases}$$

(2) 由于 $y = f(x)$ 在各段区间上均为单调增函数,

当 $x \in \left[0, \dfrac{4}{5}\right]$ 时,$y \leqslant f\left(\dfrac{4}{5}\right) < 26.4$;

当 $x \in \left(\dfrac{4}{5}, \dfrac{4}{3}\right]$ 时,$y \leqslant f\left(\dfrac{4}{3}\right) < 26.4$;

当 $x \in \left(\dfrac{4}{3}, +\infty\right)$ 时,令 $24x - 9.6 = 26.4$,解得 $x = 1.5$.

因此,甲用户的用水量为 $5x = 7.5$ 吨,付费 $4 \times 1.8 + 3.5 \times 3 = 17.70$ 元;乙用户的用水量为 $3x = 4.5$ 吨,付费 $4 \times 1.8 + 0.5 \times 3 = 8.70$ 元.

随堂练习

1. 某商品的价格为 20 元时,月销售量为 5000 件,价格每提高 1 元,月销售量就会减少 200 件.在不考虑其他因素下:

(1) 试写出这种商品的月销售量与价格的函数关系式.

(2) 当价格提高到 30 元时,该商品的月销售量是多少?

(3) 当价格提高到多少元时,该商品就会卖不出去?

(4) 当价格提高到多少时,该商品的月销售金额最多,是多少?

2. 移动公司开展了两种通讯业务:"全球通",月租 50 元,每通话 1 分钟,付费 0.4 元;"神州行"不缴月租,每通话 1 分钟,付费 0.6 元.若一个月内通话 x 分钟,两种通讯方式的费用分别为 y_1,y_2 元.

(1) 写出 y_1,y_2 与 x 之间的函数关系式.

(2) 一个月内通话多少分钟,两种通讯方式的费用相同?

(3) 若某人预计一个月内使用话费 200 元,应选择哪种通讯方式?

3. 要建一个容积为 8 m³,深为 2 m 的长方体无盖水池,如果池底和池壁的造价每平方米分别为 120 元和 80 元,试求应当怎样设计,才能使水池总造价最低?并求此最低造价.

习题 3.5

A组

1. 某市出租汽车收费标准如下:在 3 公里以内(含 3 公里)路程按起步价 10 元收费,超过 3 公里的路程,超过的部分按每公里 3 元收费;夜间(23:00 至次日 5:00)起步价 13 元收费,超过 3 公里的路程,超过的部分按每公里 2.6 元,超过 10 公里每公里计价 3.9 元.问

(1) 某人早上 8:00 乘出租车上班,从家到公司的距离为 9.5 公里,那么需要多少钱?

(2) 某人凌晨 1:00 乘出租车回家,共花了 50 元,求出租车行驶了多少公里?

2. 一个招待所有现房 300 间,每天每间房租是 120 元,每天客满,招待所想提高档次,并提高租金,如果每增加 20 元,客房出租数会减少 10 间,不考虑其他因素.

(1) 试写出客房出租数与租金的函数关系式.

(2) 当租金提高到 200 元时,客房出租数是多少?

(3) 当租金提高到多少元时,该客房就会租不出去?

(4) 当租金提高多少元时,每天客房的租金收入最高?

3. 为了加强公民的节水意识,某市制定了如下收费标准,每户每月的用水不超过 10 吨时,水价为每吨 2.5 元,超过 10 吨时,超过部分按每吨 3.1 元收费,假设某用户 6 月份用水 x 吨,应交水费 y 元.

(1) 写出 y 关于 x 的函数关系式;

(2) 该用户 5 月份用水 20 吨,则应交水费多少元?

B 组

1. 一个星级旅馆有 150 个标准房,经过一段时间的经营,经理得到一些定价和住房率的数据如下:

房价(元)	住房率(%)
160	55
140	65
120	75
100	85

欲使每天的营业额最高,应如何定价?

2. 某客运公司购买了每辆价值为 20 万元的大客车投入运营,根据调查材料得知,每辆大客车每年客运收入约为 10 万元,且每辆客车第 x 年的油料费、维修费及其他各种管理费用总和与年数 x 成正比,又知第三年每辆客车以上费用是每年客运收入的 48%.

(1) 写出每辆客车运营的总利润(客运收入扣除总费用及成本)y(万元)与年数 x($x \in \mathbf{N}$)的函数关系式;

(2) 每辆客车运营多少年可使运营的年平均利润最大?并求出最大值.

本章小结

一、本章知识结构

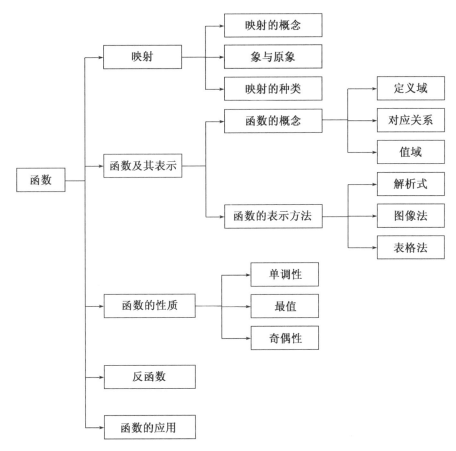

二、回顾与思考

本章从实际问题出发,抽象出数学的基本概念——映射与函数,介绍了函数的三种表示方法,研究了函数的基本性质——单调性、最值,奇偶性,以及函数互为反函数的关系,同时也介绍了如何利用函数解决日常生活中的一些问题,有助于增强学生学习数学的兴趣.

1. 对应与映射

一般地,设 A、B 是两个非空集合,若按照某种对应关系 f,对于集合 A 中的任何一个元素 x,在集合 B 中有且只有一个元素 y 和它对应,则这样的对应关系叫作集合 A 到集合 B 的映射,记作 $f{:}A{\rightarrow}B$. 给定一个映射 $f{:}A{\rightarrow}B$,且 $a{\in}A,b{\in}B$,若元素 a 与元素 b 对应,则 b 叫作 a 的象,而 a 叫作 b 的原象.

2. 特殊的映射

设 A,B 是两个非空集合,$f{:}A{\rightarrow}B$ 是集合 A 到集合 B 的映射. 如果在这个映射下,对

于集合 A 中的不同元素,在集合 B 中有不同的象,而且 B 中每一个元素都有原象,那么称此映射为从 A 到 B 的一一映射.

集合 A 中任意不同元素在集合 B 中的象也不同,我们称满足此特点的映射为单映射;集合 B 中的每个元素都有原象,我们称满足此特点的映射为满映射.

既是单映射又是满映射的映射为一一映射.

3. 函数及其表示方法

（1）函数的概念

一般地,设 A、B 是两个非空的数集,如果按某种对应关系 f,对于集合 A 中的任意一个元素 x,在集合 B 中都有唯一确定的元素 y 和它对应,那么就称这个对应 $f:A \rightarrow B$ 叫作集合 A 到集合 B 的一个函数,记作:

$$y = f(x), x \in A$$

其中,x 为自变量,x 的取值范围 A 叫作函数的定义域;与 x 的值相对应的 y 值叫作函数值,函数值的集合 $\{f(x) | x \in A\}$ 叫作函数的值域.

（2）表示函数的方法:解析法、列表法和图像法.

4. 函数的性质

（1）函数的单调性

一般地,设函数 $y = f(x)$ 的定义域为 I. 如果对于定义域 I 内的某个区间 D 内的任意两个自变量 x_1, x_2,

当 $x_1 < x_2$ 时,都有 $f(x_1) < f(x_2)$,那么就说 $f(x)$ 在区间 D 上是增函数.

当 $x_1 < x_2$ 时,都有 $f(x_1) > f(x_2)$,那么就说 $f(x)$ 在区间 D 上是减函数.

如果函数 $f(x)$ 在某个区间 D 上是增函数或减函数,就说 $f(x)$ 在这一区间上具有(严格的)单调性,区间 D 叫作函数 $f(x)$ 的单调区间.

（2）函数的最大(小)值

一般地,设函数 $y = f(x)$ 的定义域为 I,如果存在实数 M 满足:

对于任意的 $x \in I$,都有 $f(x) \leqslant M$,且存在 $x_0 \in I$,使得 $f(x_0) = M$. 那么,称 M 是函数 $y = f(x)$ 的最大值.

对于任意的 $x \in I$,都有 $f(x) \geqslant M$,且存在 $x_0 \in I$,使得 $f(x_0) = M$. 那么,称 M 是函数 $y = f(x)$ 的最小值.

（3）函数的奇偶性

一般地,对于函数 $y = f(x)$,定义域 I 关于坐标原点对称. 如果对于函数 $f(x)$ 定义域内任意一个 x,

都有 $f(-x) = f(x)$,那么函数 $y = f(x)$ 就叫作偶函数.

都有 $f(-x) = -f(x)$,那么函数 $y = f(x)$ 就叫作奇函数.

如果函数 $f(x)$ 是奇函数或偶函数,就称函数具有奇偶性. 函数的奇偶性是函数的整体性质.

5. 反函数

一般地,对于函数 $y = f(x)$,设它的定义域为 D,值域为 A,如果对 A 中任意一个值

y，在 D 中总有唯一确定的 x 值与它对应，且满足 $y=f(x)$，这样得到的 x 关于 y 的函数，叫作 $y=f(x)$ 的反函数，记作：$x=f^{-1}(y)$，$y\in A$.

习惯上，自变量常用 x 表示，而函数用 y 表示，所以改写为 $y=f^{-1}(x)$，$x\in A$.

函数 $y=f(x)$ 的图像和它的反函数 $y=f^{-1}(x)$ 的图像关于直线 $y=x$ 对称，且其单调性相同.

6. 函数的应用

通过缴纳水费，交税等生活中遇到的实际问题，让学生感受数学源于生活，也能服务于生活，增强学生学习数学的兴趣.

利用函数知识和函数观点解决实际问题时，一般按照以下几步进行：

（1）数学化阅读理解，认真审题. 认真阅读题目，分析出已知是什么、求什么、涉及哪些知识，确定自变量与函数值的意义，将问题函数化.

（2）引进数学符号，建立数学模型. 一般设自变量为 x，函数值为 y，并用 x 表示各种相关量，然后根据问题的已知条件，运用已掌握的知识建立关系式，将实际问题转化为一个数学问题，即建立数学模型.

（3）利用数学方法对得到的数学模型予以解答，求出结果.

（4）将数学问题的解代入实际问题中进行核查，舍去不合题意的解，并作答.

复习参考题

A 组

一、选择题

1. 若 $f:A\to B$ 能构成映射，则下列说法正确的有（　　）.

（1）A 中的任意一元素在 B 中都必须有象且唯一；

（2）A 中的多个元素可以在 B 中有相同的像；

（3）B 中的多个元素可以在 A 中有相同的原像；

（4）象的集合就是集合 B.

　　A. 1 个　　　　　　B. 2 个　　　　　　C. 3 个　　　　　　D. 4 个

2. 下列对应 $f:A\to B$：

（1）$A=\mathbf{R}$，$B=\{x\in\mathbf{R}|x>0\}$，$f:x\to|x|$；

（2）$A=\mathbf{N}$，$B=\mathbf{N}^+$，$f:x\to|x-1|$；

（3）$A=\{x\in\mathbf{R}|x>0\}$，$B=\mathbf{R}$，$f:x\to x^2$；

不是从集合 A 到 B 映射的有（　　）.

　　A.（1）（2）（3）　　　B.（1）（2）　　　C.（2）（3）　　　D.（1）（3）

3. 如果 (x,y) 在映射 f 下的象是 $(x+y,x-y)$，那么 $(1,2)$ 在映射下的原象是（　　）.

   A. $(3,1)$　　　　B. $\left(\dfrac{3}{2},-\dfrac{1}{2}\right)$　　C. $\left(-\dfrac{1}{2},\dfrac{3}{2}\right)$　　D. $(-1,3)$

4. 汽车经过启动、加速行驶、匀速行驶、减速行驶之后停车，若把这一过程中汽车的行驶路程 s 看作时间 t 的函数，其图像可能是（　　）.

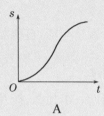　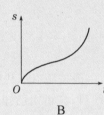　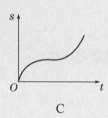　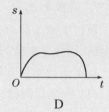

    A　　　　　　　　B　　　　　　　　C　　　　　　　　D

5. 下列各组函数中，表示同一函数的是（　　）.

   A. $y=1$ 与 $y=\dfrac{x}{x}$　　　　　　　　B. $y=\sqrt{x-1}\times\sqrt{x+1}$ 与 $y=\sqrt{x^2-1}$

   C. $y=x$ 与 $y=\sqrt[3]{x^3}$　　　　　　　　D. $y=|x|$ 与 $y=(\sqrt{x})^2$

6. 函数 $f(x)=\sqrt{1-x}+\sqrt{x+3}-1$ 的定义域是（　　）.

   A. $[-3,1]$　　　B. $(-3,1)$　　　C. $\mathbf{R}$　　　D. $\varnothing$

7. 若 $f(x)=x^2-2x+1$，则 $f(x)$ 的值域是（　　）.

   A. $(-\infty,0]$　　B. $[0,+\infty)$　　C. $[1,+\infty)$　　D. $(-\infty,1]$

8. 函数 $y=\dfrac{2x-1}{3x+2}$ 的值域是（　　）.

   A. $\left(-\infty,-\dfrac{1}{3}\right)\cup\left(-\dfrac{1}{3},+\infty\right)$　　　　B. $\left(-\infty,\dfrac{2}{3}\right)\cup\left(\dfrac{2}{3},+\infty\right)$

   C. $\left(-\infty,-\dfrac{1}{2}\right)\cup\left(\dfrac{1}{2},+\infty\right)$　　　　D. $\mathbf{R}$

9. 下列函数中，在区间 $(0,2)$ 上为增函数的是（　　）.

   A. $y=-x+1$　　B. $y=\sqrt{x}$　　　C. $y=x^2-4x+5$　　D. $y=\dfrac{2}{x}$

10. 函数 $y=x^2+x+2$ 单调减区间是（　　）.

   A. $\left[-\dfrac{1}{2},+\infty\right]$　　B. $(-1,+\infty)$　　C. $\left(-\infty,-\dfrac{1}{2}\right)$　　D. $(-\infty,+\infty)$

11. 函数 $y=x^2+bx+c\,(x\in(-\infty,1))$ 是单调函数时，b 的取值范围（　　）.

   A. $b\geqslant-2$　　B. $b\leqslant-2$　　C. $b>-2$　　　D. $b<-2$

12. 函数 $y=|x|,x\in(-4,2)$（　　）.

   A. 是奇函数　　　　　　　　　　　B. 是偶函数

   C. 既是奇函数又是偶函数　　　　　D. 既不是奇函数也不是偶函数

13. 函数 $y=x^2\,(x\leqslant0)$ 的反函数是（　　）.

   A. $y=\pm\sqrt{x}$　　B. $y=-\sqrt{x}$　　C. $y=\sqrt{x}$　　D. $y=\sqrt{-x}$

14. 函数 $y=x+a$ 和函数 $y=bx-1$ 互为反函数,则 a,b 的值（　　）.

    A. $a=1,b=-1$ B. $a=-1,b=-1$

    C. $a=-1,b=1$ D. $a=1,b=1$

二、填空题

1. 集合 $A=\{3,4\}$，$B=\{5,6,7\}$ 那么可建立从 A 到 B 的映射个数是_____，从 B 到 A 的映射个数是_____.

2. 函数 $f(x)=\sqrt{x+1}+\dfrac{1}{2-x}$ 的定义域用区间表示是_____.

3. 若函数 $f(x)=x^2-mx+n$，$f(n)=m$，$f(1)=-1$，则 $f(-5)=$_____.

4. 函数 $y=x+\sqrt{2x-1}$ 的值域为_____.

5. 若函数 $f(x)=(-k^2+3k+4)x+2$ 是增函数，则 k 的范围是_____.

6. 已知一次函数 $f(x)$，且 $f[f(x)]=16x-25$，则 $f(x)=$_____.

三、解答题

1. 判断下列函数的奇偶性:

(1) $f(x)=\dfrac{2x^2+2x}{x+1}$； (2) $f(x)=x^3-2x$；(3) $f(x)=a(x\in\mathbf{R})$.

2. 利用函数单调性定义,证明函数 $y=\dfrac{x}{1+x^2}$ 在 $(-1,1)$ 上是增函数.

3. 已知函数 $f(x)$ 是偶函数,且 $x\leqslant 0$ 时，$f(x)=\dfrac{1+x}{1-x}$.

(1) 求 $f(5)$ 的值；   (2) 求 $f(x)=0$ 时 x 的值；

(3) 当 $x>0$ 时,求 $f(x)$ 的解析式.

4. 已知 $f(x)=x^2-1(x\leqslant-2)$，求 $f^{-1}(4)$ 的值.

5. 某商店将进货价为每个 10 元的商品,按每个 18 元售出时,每天可以卖出 60 个,经市场调研后发现,若将这种商品的售价提高 1 元,则每天的销售量会减少 5 个,若将这种商品的售价降低 1 元,则每天的销售量会增加 10 个,为了使每天获得的利润最大,此商品应定价多少元?

B 组

1. 设 $f:A\rightarrow B$ 是从 A 到 B 的映射,其中 $A=B=\{(x,y)\,|\,x,y\in\mathbf{R}\}$，$f:(x,y)\rightarrow(x+2y+2,4x+y)$.

(1) 求 A 中元素 $(3,3)$ 的象；

(2) 求 B 中元素 $(3,3)$ 的原象；

(3) 在集合 A 是否存在这样的元素 (a,b)，使它的象仍是 (a,b)? 若存在,求出这些元素;若不存在,说明理由.

2. 设函数 $f(x)=\dfrac{1+x^2}{1-x^2}$.

(1) 求它的定义域；   (2) 判断它的奇偶性；

（3）求证：$f\left(\dfrac{1}{x}\right)=-f(x)$； （4）求证：$f(x)$ 在 $[1,+\infty)$ 上递增.

3. 已知二次函数 $f(x)=ax^2+bx$（a,b 为常数，且 $a\neq 0$）满足条件 $f(x-1)=f(3-x)$，且与方程 $f(x)=2x$ 有等根，求 $f(x)$ 的解析式.

4. 设 $f(x)$ 的定义域是 $[-3,\sqrt{2}]$，求函数 $f(\sqrt{x}-2)$ 的定义域.

5. （1）已知奇函数 $f(x)$ 在区间 $[a,b]$ 上是减函数，试问：它在 $[-b,-a]$ 上是增函数还是减函数？

（2）已知偶函数 $g(x)$ 在区间 $[a,b]$ 上是增函数，试问：它在 $[-b,-a]$ 上是增函数还是减函数？

➤扫描本章二维码，阅读"函数概念的发展与引进".

微信扫一扫
获取本章资源

第四章　基本初等函数

　　函数是描述客观世界变化规律的重要属性模型,面对纷繁复杂的变化现象,我们还可以根据变化现象的不同特征进行分类研究.例如,某城市人口经过若干年的自然增长后,人数会达到多少? 服用感冒药时,为什么必须按时服药? 在没有历史记录的情况下,如何鉴定出文物的年代? ……科技、生活、生产中会遇到大量的类似问题,解决这类问题需要用到指数函数、对数函数和幂函数的知识.

　　本章中,通过指数函数、对数函数和幂函数三个基本初等函数的学习,进一步理解函数的概念、图像与性质,让学生体会到数学知识与实际问题之间的联系,学习用函数模型解决一些实际问题的方法,提高学生学习数学的兴趣.

本章学习目标

　　通过本章的学习,将实现以下学习目标:

　　• 理解 n 次方根的意义;理解如何将整数指数幂扩充到分数指数幂、有理数指数幂,最后扩充到实数指数幂,掌握实数指数幂运算法则

　　• 理解对数的概念和性质,掌握对数的运算性质

　　• 理解指数函数和对数函数的概念、图像、性质,理解并探索指数函数和对数函数的单调性与特殊点的实际意义

　　• 通过实例,了解幂函数的概念;结合特殊幂函数的图像,了解他们的变化情况

　　• 初步学会用指数函数、对数函数模型解决现实生活中的一些简单问题,体会数学与实际问题之间的密切联系,提高学生应用数学的意识,增强学习数学的兴趣

4.1 指数函数

4.1.1 指数与指数幂的运算

某细胞分裂时，第一次分裂后，1 个细胞分裂成 2 个细胞；第二次分裂后，2 个细胞分裂成 $2 \times 2 = 4$ 个细胞；第三次分裂后，4 个细胞分裂成 $2 \times 2 \times 2 = 8$ 个细胞；……第 n 次分裂后，共分裂成 2^n 个细胞. 我们知道，$2, 2^2, 2^3, \cdots 2^n$ 是正整数指数幂，那么 $2^{\frac{1}{2}}, 2^{\frac{2}{3}}, 2^{\frac{9}{5}}$ 的意义是什么呢？这正是我们将要学习的知识，将指数的取值范围从整数推广到实数. 为此，我们先学习根式的知识.

1. 根式

思考： (1) 平方根、立方根的定义是什么？它们分别具有什么样的性质？

(2) 若 $x^4 = a, x^5 = a, x^6 = a$，类比于平方根、立方根的定义，你能得到什么样的结论？若 $x^n = a$ 呢，你能得到什么样的一般结论？

思考(2)中，类比平方根、立方根的定义，一个数的四次方等于 a，则这个数叫作 a 的四次方根；一个数的五次方等于 a，则这个数叫作 a 的五次方根；……一个数的 n 次方等于 a，则这个数叫作 a 的 n 次方根.

一般地，如果 $x^n = a (n \in \mathbf{N}_+, n > 1)$，那么 x 叫作 a 的 n 次方根.

思考： (1) 你能根据 n 次方根的定义求出下列数的 n 次方根吗？

① 4 的平方根；② ± 27 的立方根；③ 16 的 4 次方根；④ ± 32 的 5 次方根；⑤ 81 的 4 次方根；⑥ 0 的 7 次方根.

(2) 任何一个数 a 的奇次方根是否存在？偶次方根呢？0 的 n 次方根呢？

由上面的思考可以得到：

(1) 当 n 是奇数时，任何数都存在 n 次方根. 正数的 n 次方根是一个正数，负数的 n 次方根是一个负数. 此时，a 的 n 次方根记作 $\sqrt[n]{a}$. 例如：

$$\sqrt[3]{27} = 3, \sqrt[3]{-27} = -3.$$

(2) 当 n 是偶数时，负数没有 n 次方根，正数 a 有两个 n 次方根，它们互为相反数，正的那个 n 次方根记作 $\sqrt[n]{a}$，负的那个 n 次方根记作 $-\sqrt[n]{a}$，合并记作 $\pm\sqrt[n]{a}$. 例如：

16 的 4 次方根是 ± 2，即：$\sqrt[4]{16} = 2, -\sqrt[4]{16} = -2$.

(3) 零的 n 次方根是零，记作 $\sqrt[n]{0} = 0$.

一般地，形如 $\sqrt[n]{a} (n \in \mathbf{N}_+, n > 1)$ 的式子叫作 a 的 n 次根式，简称根式，其中 n 叫作根指数，a 叫作被开方数.

例如 $\sqrt[3]{-27}$ 中，3 叫根指数，-27 叫被开方数.

由 a 的 n 次方根的定义，可得

$$(\sqrt[n]{a})^n = a.$$

例如：$(\sqrt[3]{2})^3 = 2$；$(\sqrt[3]{-3})^3 = -3$；$(\sqrt[4]{7})^4 = 7$.

思考：$\sqrt[n]{a^n}$ 表示 a^n 的 n 次方根，等式 $\sqrt[n]{a^n} = a$ 一定成立吗？如果不一定成立，那么 $\sqrt[n]{a^n}$ 等于什么？

例 1 计算下列各式的值：

(1) $\sqrt[5]{2^5}$；　　　(2) $\sqrt[3]{(-8)^3}$；　　　(3) $\sqrt[4]{4^4}$；　　　(4) $\sqrt{(-5)^2}$.

解：(1) $\sqrt[5]{2^5} = \sqrt[5]{32} = 2$；

(2) $\sqrt[3]{(-8)^3} = \sqrt[3]{-512} = -8$；

(3) $\sqrt[4]{4^4} = \sqrt[4]{256} = 4$；

(4) $\sqrt{(-5)^2} = \sqrt{25} = 5$.

> 由例 1 可以总结：
> 当 n 时奇数时，$\sqrt[n]{a^n} = a$；
> 当 n 时偶数时，
> $\sqrt[n]{a^n} = |a| = \begin{cases} a & (a \geqslant 0) \\ -a & (a < 0) \end{cases}$.

例 2 求下列各式的值：

(1) $(\sqrt[5]{-3})^5$；　　　(2) $\sqrt[3]{343}$；　　　(3) $\sqrt{169}$；

(4) $\sqrt[6]{(-10)^6}$；　　(5) $\sqrt[4]{(3-\pi)^4}$；　　(6) $\sqrt{(a-b)^2}$ $(a > b)$.

解：(1) $(\sqrt[5]{-3})^5 = -3$；

(2) $\sqrt[3]{343} = \sqrt[3]{7^3} = 7$；

(3) $\sqrt{169} = \sqrt{13^2} = 13$；

(4) $\sqrt[6]{(-10)^6} = |-10| = 10$；

(5) $\sqrt[4]{(3-\pi)^4} = |3-\pi| = \pi - 3$；

(6) $\sqrt{(a-b)^2} = |a-b| = a-b$.

例 3 x 在什么范围内，下列各式有意义：

(1) $\sqrt[3]{3x+1}$；　　　　　(2) $\sqrt[4]{\dfrac{1}{2x+4}}$.

解：(1) 因为当 n 为奇数时，$\sqrt[n]{a}$ 对任何实数 a 都有意义.

此处，$n=3$，所以 x 取任何实数，$\sqrt[3]{3x+1}$ 都有意义.

(2) 因为当 n 为偶数时，$a \geqslant 0$ 时 $\sqrt[n]{a}$ 才有意义.

> 想一想：
> 例 3(2) 中 x 的范围能否为 $x \geqslant -2$？

此处 $n=4$，所以当 $\dfrac{1}{2x+4} \geqslant 0$，即 $x > -2$ 时，$\sqrt[4]{\dfrac{1}{2x+4}}$ 有意义.

故当 $x > -2$ 时，$\sqrt[4]{\dfrac{1}{2x+4}}$ 有意义.

2. 分数指数幂

思考：(1) 正整数指数幂 $a^n (n \in \mathbf{N}_+)$ 的意义是怎样规定的？它具有什么样的运算规律？

(2) 当 $a > 0$ 时，化简 $\sqrt{a^8}$、$\sqrt[4]{a^{12}}$、$\sqrt[5]{a^{10}}$，你能发现什么规律？

$$\sqrt{a^8} = \sqrt{(a^4)^2} = a^4 = a^{\frac{8}{2}},$$
$$\sqrt[4]{a^{12}} = \sqrt[4]{(a^3)^4} = a^3 = a^{\frac{12}{4}},$$
$$\sqrt[5]{a^{10}} = \sqrt[5]{(a^2)^5} = a^2 = a^{\frac{10}{5}}.$$

通过观察发现：当根式被开方数的指数能被根指数整除时，根式可以写成分数作为指数的形式（分数指数幂形式）。

当根式被开方数的指数不能被根指数整除时，规定根式也可以写成分数指数幂的形式．例如，

$$当 a > 0 时，\sqrt{a} = a^{\frac{1}{2}}, \sqrt[3]{a^2} = a^{\frac{2}{3}}.$$

一般地，我们规定分数指数幂的意义如下：

$$a^{\frac{m}{n}} = \sqrt[n]{a^m}, a^{-\frac{m}{n}} = \frac{1}{a^{\frac{m}{n}}} = \frac{1}{\sqrt[n]{a^m}} \quad (a > 0, n, m \in \mathbf{N}_+, n > 1)$$

例如：$2^{-\frac{1}{2}} = \frac{1}{2^{\frac{1}{2}}} = \frac{1}{\sqrt{2}} = \frac{\sqrt{2}}{2}, a^{-\frac{4}{3}} = \frac{1}{a^{\frac{4}{3}}} = \frac{1}{\sqrt[3]{a^4}} (a > 0).$

零的正分数次幂等于零，零的负分数指数幂没有意义．

思考：分数指数幂的意义中，为什么规定 $a > 0$，去掉这个规定会产生什么样的后果？

这样，我们就把根式变成了分数指数幂，并且指数的概念就从整数指数推广到了有理数指数．整数指数幂的运算性质对于有理指数幂也同样适用，即对于任意有理数 α、β，均有下面的运算性质：

(1) $a^\alpha \cdot a^\beta = a^{\alpha+\beta}$；

(2) $(a^\alpha)^\beta = a^{\alpha \cdot \beta}$；

(3) $(ab)^\alpha = a^\alpha \cdot b^\alpha$．

其中 $\alpha, \beta \in \mathbf{Q}, a > 0, b > 0$．

例 4 将下列各分数指数幂写成根式形式：$(a > 0)$

(1) $a^{\frac{4}{7}}$，   (2) $a^{\frac{5}{3}}$，   (3) $a^{-\frac{3}{2}}$．

解：(1) 这里 $n = 7, m = 4$，故

$$a^{\frac{4}{7}} = \sqrt[7]{a^4};$$

(2) 这里 $n = 3, m = 5$，故

$$a^{\frac{5}{3}} = \sqrt[3]{a^5};$$

(3) 这里 $n=2,m=3$,故

$$a^{-\frac{3}{2}}=\frac{1}{\sqrt{a^3}}.$$

例5 将下列各根式写成分数指数幂形式:($a>0$)

(1) $\sqrt[3]{a^2}$,　　　(2) $\sqrt[3]{a^4}$,　　　(3) $\dfrac{1}{\sqrt[5]{a^3}}$.

解:(1) 这里 $n=3,m=2$,故

$$\sqrt[3]{a^2}=a^{\frac{2}{3}};$$

(2) 这里 $n=3,m=4$,故

$$\sqrt[3]{a^4}=a^{\frac{4}{3}};$$

(3) 这里 $n=5,m=3$,故

$$\frac{1}{\sqrt[5]{a^3}}=a^{-\frac{3}{5}}.$$

例6 求值:(1) $8^{\frac{2}{3}}$,(2) $25^{-\frac{1}{2}}$,(3) $\left(\dfrac{1}{2}\right)^{-5}$,(4) $\left(\dfrac{16}{81}\right)^{-\frac{3}{4}}$.

解:(1) $8^{\frac{2}{3}}=(2^3)^{\frac{2}{3}}=2^{3\times\frac{2}{3}}=2^2=4$;

(2) $25^{-\frac{1}{2}}=(5^2)^{-\frac{1}{2}}=5^{2\times(-\frac{1}{2})}=5^{-1}=\dfrac{1}{5}$;

(3) $\left(\dfrac{1}{2}\right)^{-5}=(2^{-1})^{-5}=2^{(-1)\times(-5)}=32$;

(4) $\left(\dfrac{16}{81}\right)^{-\frac{3}{4}}=\left(\dfrac{2}{3}\right)^{4\times(-\frac{3}{4})}=\left(\dfrac{2}{3}\right)^{-3}=\dfrac{27}{8}$.

例7 用分数指数幂表示下列各式:($a>0,b>0$)

(1) $a^3\cdot\sqrt{a}$,　　　(2) $a^2\cdot\sqrt[3]{a^2}$,　　　(3) $\sqrt{a\cdot\sqrt[3]{a^2}}$,

(4) $(2a^{\frac{2}{3}}b^{\frac{1}{2}})(-6a^{\frac{1}{2}}b^{\frac{1}{3}})\div(-3a^{\frac{1}{6}}b^{\frac{5}{6}})$.

解:(1) $a^3\cdot\sqrt{a}=a^3\cdot a^{\frac{1}{2}}=a^{3+\frac{1}{2}}=a^{\frac{7}{2}}$;

(2) $a^2\cdot\sqrt[3]{a^2}=a^2\cdot a^{\frac{2}{3}}=a^{2+\frac{2}{3}}=a^{\frac{8}{3}}$;

(3) $\sqrt{a\cdot\sqrt[3]{a^2}}=\sqrt{a\cdot a^{\frac{2}{3}}}=\sqrt{a^{1+\frac{2}{3}}}=\sqrt{a^{\frac{5}{3}}}=a^{\frac{5}{3}\times\frac{1}{2}}=a^{\frac{5}{6}}$;

(4) $(2a^{\frac{2}{3}}b^{\frac{1}{2}})(-6a^{\frac{1}{2}}b^{\frac{1}{3}})\div(-3a^{\frac{1}{6}}b^{\frac{5}{6}})$

$\qquad=[2\times(-6)\div(-3)](a^{\frac{2}{3}}a^{\frac{1}{2}}\div a^{\frac{1}{6}})(b^{\frac{1}{2}}b^{\frac{1}{3}}\div b^{\frac{5}{6}})$

$\qquad=4a^{\frac{2}{3}+\frac{1}{2}-\frac{1}{6}}b^{\frac{1}{2}+\frac{1}{3}-\frac{5}{6}}$

$\qquad=4a$.

3. 无理指数幂

上面我们已经把幂指数由正整数范围推广到有理数范围,那么幂指数是无理数时,如 $2^{\sqrt{2}}$ 有没有意义? 我们可以认为 $2^{\sqrt{2}}$ 是一个实数. 一般地,当 $a>0$ 时,x 是一个无理数,a^x 也是一个确定的实数,有理数幂的运算性质对无理数指数幂同样适用.

总之,当 $a>0$,x 是一个实数时,a^x 是有意义的,且是一个实数,有理数幂的运算性质对实数指数幂同样适用.

随堂练习 ▶

1. 用根式的形式表示下列各式：$(a>0)$

$$a^{\frac{2}{3}},a^{\frac{5}{8}},a^{-\frac{7}{5}},a^{-\frac{4}{3}}.$$

2. 用分数指数幂表示下列各式：

$$\sqrt[3]{x^5},\frac{1}{\sqrt[5]{x^2}},\frac{1}{\sqrt[3]{x^4}\cdot\sqrt{y}},\sqrt[3]{(a-b)^2},\sqrt[4]{m^2+n^2}.$$

3. 计算下列各式的值：

$$25^{\frac{3}{2}},27^{-\frac{2}{3}},10000^{\frac{3}{4}},\left(\frac{25}{81}\right)^{-\frac{1}{2}},\left(\frac{125}{8}\right)^{\frac{1}{3}}.$$

4. 计算下列各式的值：

(1) $\sqrt{3}\times\sqrt[3]{9}\times\sqrt[4]{27}$；　　　(2) $(2^{\frac{2}{3}}4^{\frac{1}{2}})^3(2^{-\frac{1}{2}}4^{\frac{5}{8}})^4.$

5. 化简下列各式：

(1) $a^{\frac{2}{3}}\cdot a^{\frac{3}{4}}\cdot a^{\frac{7}{12}}$；　　　(2) $a^{\frac{2}{3}}\cdot a^{\frac{1}{2}}\div a^{\frac{1}{6}}$；

(3) $a^{\frac{1}{3}}\cdot a^{-\frac{2}{3}}\cdot a^2\cdot a^0$；　　　(4) $(a^{\frac{2}{3}}b^{\frac{1}{2}})^3\cdot(2a^{-\frac{1}{2}}b^{\frac{5}{8}})^4$；

(5) $\dfrac{a^{\frac{3}{4}}(a^{\frac{1}{2}}b^{\frac{1}{4}})^4}{(a^{\frac{1}{2}})^3}$；　　　(6) $(a^3+b^{\frac{1}{3}})(a^3-b^{\frac{1}{3}}).$

4.1.2　指数函数及其性质

问题1：某种生物的细胞分裂由1个分裂成2个，2个分裂成4个，4个分裂成8个，……，按照这个规律分裂下去，分裂了x次，得到细胞的个数为y个，那么y与x之间有什么关系呢？

问题2：有一根长1米的绳子，第一次剪去绳长一半，第二次再剪去剩余绳子的一半，……，剪了x次后绳子剩余的长度为y米，那么y与x之间有什么关系呢？

容易得出，问题1中细胞个数y与分裂次数x的关系为$y=2^x$；问题2中绳子剩余的长度y与剪的次数x之间的关系为$y=\left(\frac{1}{2}\right)^x$.

$y=2^x$和$y=\left(\frac{1}{2}\right)^x$都是以指数形式出现的，都是函数，底数都是一个常数，指数为自变量x，这样的函数被称为指数函数.

一般地，我们把形如$y=a^x(a>0,a\neq1)$的函数叫作指数函数，其中x是自变量，函数的定义域是$(-\infty,+\infty)$.

思考：(1) 为什么指数函数的概念中明确规定$a>0,a\neq1$？

(2) 函数$y=2^{-x},y=(-6)^x,y=1^x,y=2\cdot3^x$是否为指数函数？如何判断一个函数是否为指数函数？

下面来研究指数函数$y=a^x(a>0,a\neq1)$的图像与性质. 先研究指数函数$y=2^x$和

$y=\left(\dfrac{1}{2}\right)^x$ 的图像与性质.

问题:画出指数函数 $y=2^x$ 和 $y=\left(\dfrac{1}{2}\right)^x$ 的图像.

(1) 先列出 x,y 的对应值表:

x	$\cdots$	-3	-2	-1	0	1	2	3	$\cdots$
$y=2^x$	$\cdots$	$\dfrac{1}{8}$	$\dfrac{1}{4}$	$\dfrac{1}{2}$	1	2	4	8	$\cdots$
$y=\left(\dfrac{1}{2}\right)^x$	$\cdots$	8	4	2	1	$\dfrac{1}{2}$	$\dfrac{1}{4}$	$\dfrac{1}{8}$	$\cdots$

(2) 再利用描点法画出图像,如下:

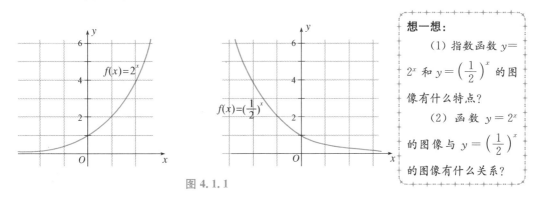

图 4.1.1

> **想一想:**
> (1) 指数函数 $y=2^x$ 和 $y=\left(\dfrac{1}{2}\right)^x$ 的图像有什么特点?
> (2) 函数 $y=2^x$ 的图像与 $y=\left(\dfrac{1}{2}\right)^x$ 的图像有什么关系?

探究:选取底数 $a(a>0,a\neq1)$ 的若干个不同的值,在同一平面直角坐标系内作出相应的指数函数的图像.并观察图像,你能发现它们有哪些共同的特征?

不难发现,指数函数 $y=a^x(a>1)$ 的图像特征和指数函数 $y=2^x$ 的图像特征一样,指数函数 $y=a^x(0<a<1)$ 的图像特征和指数函数 $y=\left(\dfrac{1}{2}\right)^x$ 的图像特征一样.因此,可以得到指数函数 $y=a^x(a>0,a\neq1)$ 的图像具有如下的特征:

	$a>1$	$0<a<1$
图像	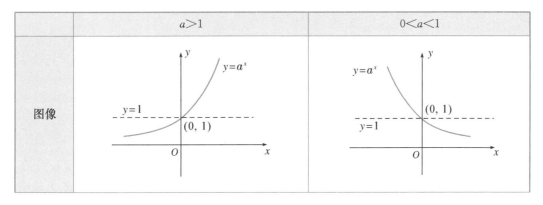	

（续表）

	$a>1$	$0<a<1$
图像特征	图像分布在一、二象限，与 y 轴相交，落在 x 轴的上方.	
	都过点$(0,1)$	
	第一象限的点的纵坐标都大于1； 第二象限的点的纵坐标都大于0且小于1.	第一象限的点的纵坐标大于0且小于1； 第二象限的点的纵坐标都大于1.
	从左向右图像逐渐上升.	从左向右图像逐渐下降.

一般地，指数函数 $y=a^x(a>0,a\neq1)$ 的图像和性质如下表所示：

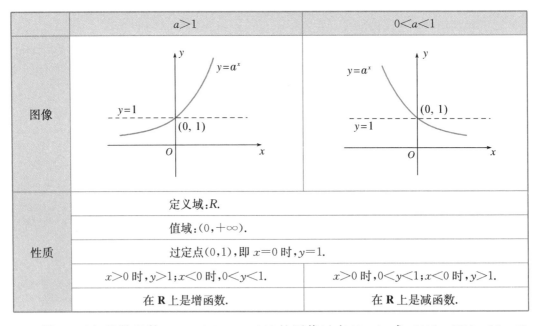

	$a>1$	$0<a<1$
图像		
性质	定义域：R.	
	值域：$(0,+\infty)$.	
	过定点$(0,1)$，即 $x=0$ 时，$y=1$.	
	$x>0$ 时，$y>1$；$x<0$ 时，$0<y<1$.	$x>0$ 时，$0<y<1$；$x<0$ 时，$y>1$.
	在 **R** 上是增函数.	在 **R** 上是减函数.

例8 已知指数函数 $y=a^x(a>0,a\neq1)$ 的图像过点$(3,\pi)$，求 $f(0),f(1),f(-3)$ 的值.

解：因为图像过点$(3,\pi)$，所以

$$f(3)=a^3=\pi,$$

即

$$a=\pi^{\frac{1}{3}},$$

因此

$$f(x)=(\pi^{\frac{1}{3}})^x=\pi^{\frac{1}{3}x}.$$

再把 $0,1,-3$ 分别代入，得

$$f(0)=\pi^0=1；f(1)=\pi^{\frac{1}{3}}；f(-3)=\pi^{\frac{1}{3}\times(-3)}=\pi^{-1}=\frac{1}{\pi}.$$

例9 利用指数函数的性质，比较下列各题中两个值的大小：

（1）$1.7^{2.5}$ 与 $1.7^{2.51}$；（2）$0.8^{-0.1}$ 与 $0.8^{-0.2}$；（3）$1.7^{0.8}$ 与 $0.8^{1.7}$

解：（1）由于指数 $1.7^{2.5}$ 和 $1.7^{2.51}$ 的底相同，我们可以把它看成指数函数 $y=1.7^x$ 在 $x=2.5$ 和 $x=2.51$ 处的函数值. 因为 $1.7>1$，所以指数函数 $y=1.7^x$ 在定义域 R 上是增函数. 又 $2.5<2.51$，所以 $1.7^{2.5}<1.7^{2.51}$.

（2）由于指数 $0.8^{-0.1}$ 与 $0.8^{-0.2}$ 的底相同，我们可以把它看成指数函数 $y=0.8^x$ 在 $x=-0.1$ 和 $x=-0.2$ 处的函数值．因为 $0<0.8<1$，所以指数函数 $y=0.8^x$ 在定义域 R 上是减函数．又 $-0.1>-0.2$，所以 $0.8^{-0.1}<0.8^{-0.2}$．

（3）指数函数 $f(x)=a^x$ 的图像，无论 a 取什么值时都经过点 $(0,1)$，即当 $x=0$ 时，$y=1$．比较 $1.7^{0.8}$ 与 1.7^0，易得 $1.7^{0.8}>1.7^0=1$；比较 $0.8^{1.7}$ 与 0.8^0，易得 $0.8^{1.7}<0.8^0=1$，所以 $0.8^{1.7}<1.7^{0.8}$．

例 10　判断下列各式中 x 的正负：

（1）$1.5^x=0.8$；　　　　　　　　（2）$0.3^x=2$．

解：（1）因为 $a=1.5>1$，而 $y=0.8<1=1.5^0$，
根据指数函数 $y=1.5^x$ 的性质可知，使得原式成立的 $x<0$．

（2）因为 $a=0.3<1$，而 $y=2>1=0.3^0$，
根据指数函数 $y=0.3^x$ 的性质可知，使得原式成立的 $x<0$．

例 11　求下列函数的定义域：

（1）$y=\sqrt{2^x-4}$，　　　　　　　（2）$y=\dfrac{1}{\sqrt{\left(\frac{1}{3}\right)^x-9}}$．

解：（1）要使得根式有意义，则需要被开方数非负，故
$$2^x-4\geqslant0,\text{即 }2^x\geqslant4.$$

考虑指数函数 $y=2^x$ 为增函数，且 $4=2^2$，故有 $x\geqslant2$，即函数的定义域为 $[2,+\infty)$．

（2）由 $\left(\dfrac{1}{3}\right)^x-9>0$，得 $\left(\dfrac{1}{3}\right)^x>9$，即 $\left(\dfrac{1}{3}\right)^x>\left(\dfrac{1}{3}\right)^{-2}$．

根据指数函数的单调性解得，$x<-2$，

故函数 $y=\dfrac{1}{\sqrt{\left(\frac{1}{3}\right)^x-9}}$ 的定义域为 $(-\infty,-2)$．

随堂练习

1. 判断下列函数是否是指数函数？
$$y=x^2,\ y=8^x,\ y=2\cdot4^x,\ y=(-4)^x,\ y=\pi^x,\ y=6^x+2.$$

2. 在同一平面直角坐标系中画出下列函数的图像，并说出它们的性质：

（1）$y=3^x$；　　　　　　　　（2）$y=\left(\dfrac{1}{3}\right)^x$．

3. 比较下列各题中的两个值的大小：

（1）$1.7^{2.5}$ 与 1.7^3；　　　　　　（2）$0.8^{-0.1}$ 与 $0.8^{-0.2}$；

（3）$1.7^{0.3}$ 与 $0.9^{3.1}$．

4. 判断下列各式中 x 的正负：

（1）$2.5^x=0.5$；　　　　　　　（2）$0.8^x=10$；

(3) $3.5^x = 1.9$；　　　　　　　(4) $0.13^x = 0.15$.

5. 求下列函数的定义域；

(1) $y = \dfrac{3}{2^x - 1}$；　　　　　　(2) $y = \sqrt{4 - 2^x}$；

(3) $y = \sqrt{\left(\dfrac{1}{3}\right)^x - 81}$；　　　(4) $y = \sqrt{2^x + 1} + \sqrt[4]{x - 1}$.

4.1.3　指数函数应用举例

指数函数在自然科学和经济生活中有着广泛的应用. 下面通过几个实际问题进行介绍.

例 12　某市 2008 年国内生产总值为 20 亿元，计划在未来 10 年内，平均每年按 8% 的增长率增长，分别预测该市 2013 年与 2018 年的国内生产总值（精确到 0.01 亿元）.

分析：国内生产总值每年按 8% 增长是指后一年的国内生产总值是前一年的 $(1 + 8\%)$ 倍.

解：设在 2008 年后的第 x 年该市的国内生产总值为 y 亿元.

第一年后，该市的国内生产总值为：$y = 20 \times (1 + 8\%) = 20 \times 1.08$（亿），

第二年后，该市的国内生产总值为：$y = 20 \times 1.08 \times (1 + 8\%) = 20 \times 1.08^2$（亿），

第三年后，该市的国内生产总值为：$y = 20 \times 1.08^2 \times (1 + 8\%) = 20 \times 1.08^3$（亿），

……

由此得到，第 x 年后该市内国内生产总值为

$$y = 20 \times 1.08^x \ (x \in \mathbf{N}, 1 \leqslant x \leqslant 10).$$

当 $x = 5$ 时，得到 2013 年该市国内生产总值为

$$y = 20 \times 1.08^5 \approx 29.39 \text{（亿）},$$

当 $x = 10$ 时，得到 2018 年该市国内生产总值为

$$y = 20 \times 1.08^{10} \approx 43.18 \text{（亿）}.$$

答：该市 2013 年和 2018 年的国内生产总值分别为 29.39 亿元和 43.18 亿元.

类似此题，设原值为 N，平均增长率为 P，则经过时间 x 后，总量 $y = N(1 + p)^x$. 形如 $y = k \cdot a^x (k \in \mathbf{R}, a > 0, a \neq 1)$ 的函数称为指数型函数，这是非常有用的函数模型.

例 13　设磷-32 经过一天的衰变，其残留量为原来的 95.27%，现有 10 g 磷-32，设每天的衰变速度不变，经过 14 天衰变还剩下多少克（精确到 0.01 g）?

分析：残留量为原来的 95.27% 的意思是，如果原来的磷-32 为 $a(g)$，经过一天的衰变后，残留量为 $a \times 95.27\%(g)$.

解：设 10 g 磷-32 经过 x 天衰变，残留量为 $y(g)$，依题意得到经过 x 天衰变，残留量为

$$y = 10 \times 0.9527^x,$$

故经过 14 天衰变，残留量为

$$y = 10 \times 0.9527^{14} \approx 5.07 \text{（g）}.$$

答：经过 14 天衰变，10 g 磷-32 还剩下约 5.07 g.

随堂练习 ▶

1. 某地现有森林面积为 1000 平方公里,每年增长 5%,经过 $x(x \in \mathbf{N})$ 年,森林面积为 y 平方公里.写出 x、y 间的函数关系式,并求出经过 5 年,森林的面积.

2. 服用某种感冒药,每次服用的药物含量为 a,随着时间 t 的变化,体内的药物含量为 $f(t) = a \cdot 0.57^t$(其中 t 以小时为单位).问服药 4 小时后,体内药物的含量为多少?8 小时后,体内药物的含量为多少?

3. 某台机器每年折旧率为 6%,写出经过 x 年,这台机器的价值 y 与 x 的函数关系(假设该机器原价值为 1).

4. 某幼儿园现有幼儿 300 人,如果每年的增长率为 5%,经过 x 年后,幼儿园中有幼儿 y 人,写 y 与 x 的函数关系式,并作出图像,3 年后这个幼儿园有多少幼儿?

5. 某企业原来每月消耗某种试剂 1 000 kg,现进行技术革新,陆续使用价格较低的另一种材料替代该试剂,使得该试剂的消耗量以平均每月 10% 的速度减少,试建立该试剂消耗量 y 与所经过月份数 x 之间的函数关系,并求出 4 个月后,该种试剂的月消耗量(精确到 0.1 kg).

习题 4.1

A组

1. 将下列各根式写成分数指数幂形式:

(1) $\sqrt{\dfrac{3}{20}}$;　　　(2) $\dfrac{2}{\sqrt[4]{a^3}}$;　　　(3) $\sqrt[5]{(-1.2)^3}$;　　(4) $\sqrt[3]{\dfrac{3}{x^2}}$.

2. 将下列各分数指数幂写成根式的形式:

(1) $0.5^{\frac{1}{2}}$;　　　(2) $65^{-\frac{3}{4}}$;　　　(3) $2.3^{\frac{2}{3}}$;　　　(4) $82^{-\frac{2}{5}}$.

3. 计算下列各式:

(1) $3^{-2} \times 81^{\frac{3}{4}}$;　　　　　　　　(2) $16^{-1} \times 64^{\frac{3}{4}} \times 32^{\frac{1}{2}}$;

(3) $\left(\dfrac{3}{7}\right)^5 \times \left(\dfrac{8}{21}\right)^0 \div \left(\dfrac{9}{7}\right)^4$;　　　(4) $3^{-2} \times 4^4 \times 0.25^4$.

4. 化简下列各式:

(1) $(x^{\frac{9}{5}} y^{-\frac{6}{5}})^{-\frac{1}{3}} \cdot (xy)^{\frac{3}{5}}$;　　　(2) $\dfrac{(x^6 y^2)^{-\frac{1}{3}}}{(y^{-\frac{1}{3}})^4}$;　　　(3) $\dfrac{a^2 \sqrt[3]{a^2 b}}{\sqrt{ab}}$.

5. 已知函数 $f(x) = a^x$ 的图像经过点 $(-2, 9)$,求 $f(1)$ 和 $f\left(-\dfrac{3}{2}\right)$ 的值.

6. 选择题：

(1) 下列各函数中，为指数函数的是（　　　）.

　　A. $y=(-1.3)^x$　　B. $y=\left(\dfrac{2}{3}\right)^x$　　C. $y=x^{\frac{1}{3}}$　　D. $y=2x^2$

(2) 指数函数 $y=0.35^x$（　　　）.

　　A. 在区间$(-\infty,+\infty)$内为增函数　　B. 在区间$(-\infty,+\infty)$内为减函数

　　C. 在区间$(-\infty,0)$内为增函数　　D. 在区间$(0,+\infty)$内为增函数

7. 求下列函数的定义域：

(1) $y=2^{1-x}$；　　　　(2) $y=\dfrac{1}{9-3^x}$；　　　　(3) $y=\sqrt{1-2^x}$.

8. 比较下列各题中两个数的大小：

(1) 0.9^2，0.9^6；　　　　(2) $1.7^{0.3}$，$0.7^{0.4}$；　　　　(3) 0.9^{-1}，$0.9^{-1.1}$.

9. 已知下列不等式，比较 m 和 n 的大小.

(1) $2^m<2^n$；　　　　(2) $0.2^m<0.2^n$；　　　　(3) $a^m>a^n(0<a<1)$.

10. 某市 2004 年有常住人口 54 万，如果人口按每年 1.2% 的增长率增长，那么 2010 年该市常住人口约为多少万人（精确到 0.01 万）？

11. 容器里现有纯酒精 10 L，每次从中倒出 3 L 溶液后再加满水，试给出操作次数 x 与所剩酒精 y 之间的函数解析式，并求出操作 6 次，容器中纯酒精的含量（精确到 0.01 L）.

12. 某放射性物质，每经过一年残留量是原来的 89.64%，每年的衰变速度不变.问 100 g 这样的物质，经过 8 年衰变还剩多少克（精确到 0.01 g）？

13. 一种产品原来成本为 1 万元，计划在今后几年中，按照每年平均 6% 的速度降低成本.试写出成本 y 与年数 x 的函数关系式，并求出 8 年后的成本为多少万元（精确到 0.1 万）.

B 组

1. 已知 $4^x+4^{-x}=6$，求下列各式的值：

(1) 2^x+2^{-x}；　　　　(2) 16^x+16^{-x}；　　　　(3) 64^x+64^{-x}.

2. 解不等式：

(1) $0.3^{x^2+x+1}>0.3^{3x+4}$；　　　　(2) $27<3^x<729$；

(3) $a^{2x-7}>a^{4x-1}(a>0,a\neq1)$.

3. $y=(2-a)^x$ 在定义域内是减函数，求 a 的取值范围.

4. 已知 $y=f(x)$ 是定义在 R 上的奇函数，且当 $x<0$ 时，$f(x)=1+2^x$，求此函数的解析式.

5. 按复利①计算利息的一种储蓄,本金为 a 元,每期利率为 r,设本利和为 y 元,存期为 x,写出本利和 y 随存期 x 变化的函数解析式. 如果存入本金 1000 元,每期利率为 2.25%,试计算 5 期后的本利和是多少(精确到 1 元)?

➤ 扫描本章二维码,阅读"富兰克林的遗嘱与拿破仑的诺言".

4.2 对数函数

4.2.1 对数与对数运算

思考:某电脑病毒传播时,1 个病毒自我复制成 2 个,2 个病毒自我复制成 4 个,问这个电脑病毒经过多少次分裂后,可以复制成 1024 个病毒?

上述问题中,假设经过 x 次传播后,可以复制成 1024 个病毒,根据题意得
$$2^x = 1024,$$
这是一个已知幂和底数,求指数的问题. 这是我们这一节将要学习的对数问题.

1. 对数

一般地,若 $a^b = N(a > 0, a \neq 1)$,**那么** b **叫作以** a **为底** N **的对数,记作**
$$\log_a N = b,$$
其中 a 叫作对数的底数,N 叫作真数.

例如,$2^3 = 8$,则 3 叫作以 2 为底 8 的对数,记作 $\log_2 8 = 3$;

$9^{\frac{1}{2}} = 3$,则 $\frac{1}{2}$ 叫作以 9 为底 3 的对数,记作 $\log_9 3 = \frac{1}{2}$;

$10^{-3} = 0.001$,则 -3 叫作以 10 为底 0.001 的对数,记作 $\log_{10} 0.001 = -3$.

通常将以 10 为底的对数叫作常用对数,N 的常用对数 $\log_{10} N$ 简记为 $\lg N$. 例如 $\log_{10} 2$ 简记为 $\lg 2$.

e 是一个重要的常数,是一个无理数,$e = 2.71828\cdots$,在科学研究和工程计算中经常被使用. **以 e 为底的对数叫作自然对数**,N 的自然对数 $\log_e N$ 简记为 $\ln N$. 如 $\log_e 5$ 简记为 $\ln 5$.

思考:(1) 为什么在对数定义中规定 $a > 0, a \neq 1$?

(2) 式子 $a^b = N$ 与 $\log_a N = b(a > 0, a \neq 1, N > 0)$ 有什么关系?

---

① 复利是一种计算利息的方法,即把前一期的利息和本金加在一起算作本金,再计算下一期的利息. 我国现行定期储蓄中的自动转存业务类似于复利计算的储蓄.

由对数的定义,容易得到对数如下的性质:

性质 1 1 的对数是零,即 $\log_a 1 = 0$;

性质 2 底数的对数等于 1,即 $\log_a a = 1$;

性质 3 负数和零没有对数;

性质 4 对数恒等式:$a^{\log_a N} = N$.

> **想一想:**
> 你能否证明对数的这几个性质?

例 1 将下列指数式写成对数式.

(1) $\left(\dfrac{1}{2}\right)^4 = \dfrac{1}{16}$;　　　　　(2) $27^{\frac{1}{3}} = 3$;

(3) $4^{-3} = \dfrac{1}{64}$;　　　　　(4) $10^x = y$.

解:(1) $\log_{\frac{1}{2}} \dfrac{1}{16} = 4$;　　　　　(2) $\log_{27} 3 = \dfrac{1}{3}$;

(3) $\log_4 \dfrac{1}{64} = -3$;　　　　　(4) $\lg y = x$.

例 2 将下列对数式写成指数式:

(1) $\log_2 32 = 5$;　　　　　(2) $\log_{\frac{1}{3}} 81 = -4$;

(3) $\lg 1000 = 3$;　　　　　(4) $\ln 10 = 2.303$.

解:(1) $2^5 = 32$;　　　　　(2) $\left(\dfrac{1}{3}\right)^{-4} = 81$;

(3) $10^3 = 1000$;　　　　　(4) $e^{2.303} = 10$.

例 3 求下列各对数的值:

(1) $\log_3 3$;　　　　(2) $\log_7 1$;　　　　(3) $2^{3+\log_2 5}$.

解:(1) 由于底数与真数相同,由对数的性质(2)知

$$\log_3 3 = 1.$$

(2) 由于真数为 1,由对数的性质(1)得

$$\log_7 1 = 0.$$

(3) 由对数的性质(4)得

$$2^{\log_2 5} = 5,$$

因此

$$2^{3+\log_2 5} = 2^3 \cdot 2^{\log_2 5} = 8 \times 5 = 40.$$

例 4 求下列各式中 x 的值:

(1) $\log_{64} x = -\dfrac{2}{3}$;　　　　　(2) $\log_x 8 = 6$;

(3) $\lg 100 = x$;　　　　　(4) $-\ln e^2 = x$.

解:(1) 因为 $\log_{64} x = -\dfrac{2}{3}$,所以

$$x = 64^{-\frac{2}{3}} = (4^3)^{-\frac{2}{3}} = 4^{-2} = \dfrac{1}{16}.$$

(2) 因为 $\log_x 8 = 6$,所以

$$x^6 = 8.$$

又因为 $x>0$,所以

$$x=8^{\frac{1}{6}}=(2^3)^{\frac{1}{6}}=2^{\frac{1}{2}}=\sqrt{2}.$$

(3) 因为 $\lg 100=x$,所以

$$10^x=100.$$

又 $10^2=100$,所以

$$x=2.$$

(4) 因为 $-\ln e^2=x$,所以

$$\ln e^2=-x,\text{即 } e^2=e^{-x},$$

于是

$$x=-2.$$

随堂练习

1. 将下列指数式写成对数式:

(1) $5^3=125$;　(2) $0.9^2=0.81$;

(3) $0.2^x=0.008$;　(4) $343^{-\frac{1}{3}}=\dfrac{1}{7}$.

2. 将下列对数式写成指数式:

(1) $\log_{\frac{1}{2}}4=-2$;　(2) $\log_3 27=3$;

(3) $\log_5 625=4$;　(4) $\log_{0.01}10=-\dfrac{1}{2}$.

3. 求下列对数的值:

(1) $\log_7 7$;　(2) $\log_{\frac{1}{3}}1$;　(3) $7^{\log_7 4}$;　(4) $\log_2 4$;

(5) $\log_{\frac{1}{3}}27$;　(6) $\lg 0.001$;　(7) $\ln\dfrac{1}{e}$;　(8) $\log_5\dfrac{1}{\sqrt{5}}$.

2. 对数的运算

探究:填写下表各组数的值,从数据中分析等量关系,猜想对数的运算性质.

			式(值)			猜想性质
第一组	$\log_2 8$	$\log_2 32$	$\log_2(8\times 32)$	$\log_2\dfrac{8}{32}$	$3\log_2 2$	
第二组	$\lg 0.001$	$\lg 0.1$	$\lg(0.001\times 0.1)$	$\lg\dfrac{0.001}{0.1}$	$-3\lg 10$	

从上述的探究,我们可以归纳得到下面的对数运算性质:

如果 $a>0,a\neq 1,M>0,N>0,n\in\mathbf{R}$,那么

(1) $\log_a MN=\log_a M+\log_a N$;

(2) $\log_a \dfrac{M}{N} = \log_a M - \log_a N$;

(3) $\log_a M^n = n\log_a M$.

> **思考**：你能否证明对数的这些运算性质？

例 5　用 $\log_a x, \log_a y, \log_a z$ 表示下列各式：

(1) $\log_a x^2 y^3$;　　(2) $\log_a \dfrac{x}{yz}$;　　(3) $\log_a \dfrac{x^2 \cdot \sqrt{y}}{z^3}$;　　(4) $\log_a \dfrac{x \cdot \sqrt{x}}{\sqrt{y}}$.

解：(1) $\log_a x^2 y^3 = \log_a x^2 + \log_a y^3 = 2\log_a x + 3\log_a y$;

(2) $\log_a \dfrac{x}{yz} = \log_a x - \log_a yz = \log_a x - (\log_a y + \log_a z)$

$\qquad\qquad = \log_a x - \log_a y - \log_a z$;

(3) $\log_a \dfrac{x^2 \cdot \sqrt{y}}{z^3} = \log_a x^2 + \log_a \sqrt{y} - \log_a z^3$

$\qquad\qquad\qquad = 2\log_a x + \dfrac{1}{2}\log_a y - 3\log_a z$;

(4) $\log_a \dfrac{x \cdot \sqrt{x}}{\sqrt{y}} = \log_a x + \log_a \sqrt{x} - \log_a \sqrt{y}$

$\qquad\qquad\qquad = \log_a x + \dfrac{1}{2}\log_a x - \dfrac{1}{2}\log_a y$

$\qquad\qquad\qquad = \dfrac{3}{2}\log_a x - \dfrac{1}{2}\log_a y$.

例 6　求下列各式的值：

(1) $\lg \sqrt[3]{100}$;　　　　　　　　(2) $\log_2(8^2 \cdot 2^4)$;

(3) $\log_3(27^6 \div 9^5)$;　　　　　(4) $\lg 0.1 + \lg 100 - \lg 1000$.

解：(1) $\lg \sqrt[3]{100} = \lg 100^{\frac{1}{3}} = \lg (10^2)^{\frac{1}{3}} = \lg 10^{\frac{2}{3}} = \dfrac{2}{3}\lg 10 = \dfrac{2}{3}$;

(2) $\log_2(8^2 \cdot 2^4) = \log_2 8^2 + \log_2 2^4 = \log_2 2^{3 \cdot 2} + 4\log_2 2$

$\qquad\qquad\qquad = 6\log_2 2 + 4\log_2 2 = 10$;

(3) $\log_3(27^6 \div 9^5) = \log_3 27^6 - \log_3 9^5 = 6\log_3 27 - 5\log_3 9$

$\qquad\qquad\qquad = 6\log_3 3^3 - 5\log_3 3^2 = 6 \times 3 - 5 \times 2 = 8$;

(4) $\lg 0.1 + \lg 100 - \lg 1000 = \lg \dfrac{0.1 \times 100}{1000} = \lg \dfrac{1}{100}$

$\qquad\qquad\qquad = \lg 10^{-2} = -2$.

> **思考**：已知 $\lg 5 = 0.699, \lg 3 = 0.4771$，能够计算出 $\log_3 5$ 吗？

我们知道，利用计算器或者通过常用对数表、自然对数表可以求出任意正数的常用对数和自然对数的值. 但当对数的底数不是 10 或者 e 时, 怎样求其对数的值呢? 这就需要使用换底公式.

对于上述问题, 设 $\log_3 5 = x$, 则 $3^x = 5$.

两边取常用对数, 得

$$\lg 3^x = \lg 5,$$

根据对数的运算性质, 得

$$x \lg 3 = \lg 5,$$

解得

$$x = \frac{\lg 5}{\lg 3} = \frac{0.699}{0.4771} = 1.465,$$

即

$$\log_3 5 = \frac{\lg 5}{\lg 3} = 1.465.$$

上面的解法中, 我们得到了 $\log_3 5 = \dfrac{\lg 5}{\lg 3}$, 将 $\log_3 5$, 转换成了两个常用对数的商.

一般地, 我们有如下的换底公式:

$$\log_b N = \frac{\log_a N}{\log_a b} \quad (b > 0, b \neq 1, a > 0, a \neq 1, N > 0).$$

思考: 你能证明该公式吗?

例 7　已知 $\lg 2 = 0.301$, 计算下列各式的值:

(1) $\log_2 1000$;　　　　　　　(2) $\lg 5$.

解: (1) $\log_2 1000 = \log_2 10^3 = 3\log_2 10 = 3 \cdot \dfrac{\lg 10}{\lg 2} = 3 \times \dfrac{1}{0.301} \approx 9.967$.

(2) $\lg 5 = \lg \dfrac{10}{2} = \lg 10 - \lg 2 = 1 - 0.301 = 0.699$.

例 8　求 $\log_8 9 \cdot \log_{27} 32$ 的值.

解: $\log_8 9 \cdot \log_{27} 32 = \dfrac{\lg 9}{\lg 8} \cdot \dfrac{\lg 32}{\lg 27} = \dfrac{2\lg 3}{3\lg 2} \cdot \dfrac{5\lg 2}{3\lg 3} = \dfrac{2}{3} \cdot \dfrac{5}{3} = \dfrac{10}{9}$.

随堂练习 ▶

1. 用 $\lg x, \lg y, \lg z$ 表示下列各式:

(1) $\lg \sqrt{x}$;　　　(2) $\lg xyz$;　　　(3) $\lg \dfrac{xy}{z}$;　　　(4) $\lg \left(\dfrac{y}{x}\right)^2$.

2. 计算下列各式的值:

(1) $\log_3 (27 \times 9)$;　　　　　　(2) $\log_2 (16 \div 2^{10})$;

(3) $\lg \sqrt[5]{10000}$;　　　　　　(4) $\ln \sqrt[3]{e}$;

(5) $\log_2 16 - \log_2 4$;　　　　　(6) $\lg 5 + \lg 2$;

(7) $\log_7 5 + \log_7 \dfrac{1}{5}$;　　　　(8) $\log_3 8 - \log_3 24$.

3. 已知 $\lg 2 = 0.301, \lg 3 = 0.477$，计算下列各式的值：

(1) $\log_8 9$；　　(2) $\log_{\frac{1}{3}} \frac{1}{2}$；　　(3) $\lg \dfrac{\sqrt{3}}{3}$；　　(4) $\log_5 0.5$.

4. 利用换底公式化简下列各式：

(1) $\log_a b \cdot \log_b a$；　　　　(2) $\log_2 3 \cdot \log_3 4 \cdot \log_4 2$.

4.2.2　对数函数及其性质

> **思考：** 在 4.2.1 中曾研究过某种生物的细胞分裂，由 1 个分裂成 2 个，2 个分裂成 4 个，……，那么，知道分裂得到的细胞个数如何求分裂次数呢？

设一个细胞经过 y 次分裂后得到 x 个细胞，则 x 与 y 的函数关系是 $x = 2^y$，写成对数式为 $y = \log_2 x$. 根据实际意义可知，对于每一个 x，通过对应关系 $y = \log_2 x$，都有唯一确定的 y 与它对应，所以 y 是关于 x 的函数，其中的自变量 x 位于真数位置.

一般地，形如 $y = \log_a x \, (a > 0, a \neq 1)$ 的函数叫作对数函数，其中 x 是自变量，函数的定义域为 $(0, +\infty)$.

> **思考：** 对数函数 $y = \log_a x \, (a > 0, a \neq 1)$ 与指数函数 $y = a^x \, (a > 0, a \neq 1)$ 有什么关系？

下面来研究对数函数 $y = \log_a x \, (a > 0, a \neq 1)$ 的图像与性质. 先研究函数 $y = \log_2 x$ 和 $y = \log_{\frac{1}{2}} x$ 的图像和性质.

问题：利用描点法作出函数 $y = \log_2 x$ 和 $y = \log_{\frac{1}{2}} x$ 的图像.

(1) 对数函数的定义域为 $(0, +\infty)$，在其定义域中取一些自变量 x 的值，求出各函数所对应的函数值 y，列出表格：

x	…	$\frac{1}{4}$	$\frac{1}{2}$	1	2	4	…
$y = \log_2 x$	…	-2	-1	0	1	2	…
$y = \log_{\frac{1}{2}} x$	…	2	1	0	-1	-2	…

(2) 将各点连成光滑的曲线，得到下图：

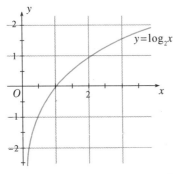
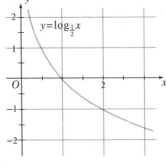

> **想一想：**
>
> (1) 对数函数 $y = \log_2 x$ 和 $y = \log_{\frac{1}{2}} x$ 的图像有什么特征？它们的图像之间有什么关系？
>
> (2) 能否通过指数函数的图像来画出对数函数的图像？

图 4.2.1

探究:选取底数 $a(a>0,a\neq1)$ 的若干个不同的值,在同一平面直角坐标系内作出相应的对数函数的图像. 观察图像,你能发现它们有哪些共同特征吗?

不难发现,对数函数 $y=\log_a x(a>1)$ 的图像特征和函数 $y=\log_2 x$ 的特征一样,对数函数 $y=\log_a x(0<a<1)$ 的图像特征和函数 $y=\log_{\frac{1}{2}} x$ 的特征一样. 因此,对数函数 $y=\log_a x(a>0,a\neq1)$ 的图像具有如下特征:

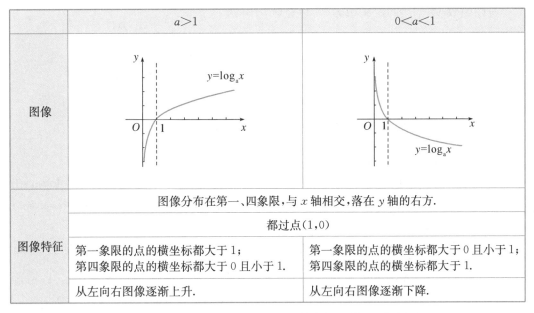

	$a>1$	$0<a<1$
图像		
图像特征	图像分布在第一、四象限,与 x 轴相交,落在 y 轴的右方.	
	都过点 $(1,0)$	
	第一象限的点的横坐标都大于 1; 第四象限的点的横坐标都大于 0 且小于 1.	第一象限的点的横坐标都大于 0 且小于 1; 第四象限的点的横坐标都大于 1.
	从左向右图像逐渐上升.	从左向右图像逐渐下降.

一般地,对数函数 $y=\log_a x(a>0,a\neq1)$ 的图像与性质如下表所示:

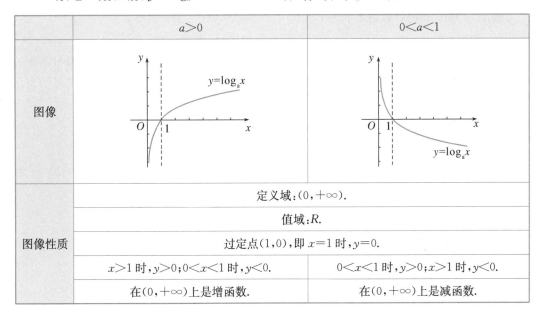

	$a>0$	$0<a<1$
图像		
图像性质	定义域:$(0,+\infty)$.	
	值域:R.	
	过定点 $(1,0)$,即 $x=1$ 时,$y=0$.	
	$x>1$ 时,$y>0$;$0<x<1$ 时,$y<0$.	$0<x<1$ 时,$y>0$;$x>1$ 时,$y<0$.
	在 $(0,+\infty)$ 上是增函数.	在 $(0,+\infty)$ 上是减函数.

例 9　求下列函数的定义域：

(1) $y=\log_2(x+4)$；　　　　　　(2) $y=\dfrac{1}{\ln x}$.

解：(1) 由 $x+4>0$，得 $x>-4$，

所以函数 $y=\log_2(x+4)$ 的定义域为 $(-4,+\infty)$.

(2) 由 $\begin{cases}\ln x\neq 0 \\ x>0\end{cases}$，得 $\begin{cases}x\neq 1 \\ x>0\end{cases}$，

所以函数 $y=\dfrac{1}{\ln x}$ 的定义域为 $(0,1)\cup(1,+\infty)$.

例 10　比较下列各组数的大小，并说明理由.

(1) $\log_{\frac{1}{3}}0.7$ 与 $\log_{\frac{1}{3}}0.8$；　　(2) $\log_8\pi$ 与 $\log_8 3$；　　(3) $\log_{0.6}\dfrac{1}{4}$ 与 $\log_{0.8}3$.

解：(1) 由于 $\log_{\frac{1}{3}}0.7$ 和 $\log_{\frac{1}{3}}0.8$ 的底数相同，我们可以把它们看成对数函数 $y=\log_{\frac{1}{3}}x$ 在 $x=0.7$ 和 $x=0.8$ 处的函数值. 因为 $0<\dfrac{1}{3}<1$，所以函数 $y=\log_{\frac{1}{3}}x$ 在 $(0,+\infty)$ 上单调递减. 又 $0.7<0.8$，所以 $\log_{\frac{1}{3}}0.7>\log_{\frac{1}{3}}0.8$.

(2) 由于 $\log_8\pi$ 和与 $\log_8 3$ 的底数相同，我们可以把它们看成对数函数 $y=\log_8 x$ 在 $x=\pi$ 和 $x=3$ 处的函数值. 因为 $8>1$，所以函数 $y=\log_8 x$ 在 $(0,+\infty)$ 上单调递增. 又 $\pi>3$，所以 $\log_8\pi>\log_8 3$.

(3) 对数函数 $f(x)=\log_a x$ 的图像，无论 a 取什么值时都经过点 $(1,0)$，即当 $x=1$ 时，$y=0$. 比较 $\log_{0.6}\dfrac{1}{4}$ 与 $\log_{0.6}1$，易得 $\log_{0.6}\dfrac{1}{4}>\log_{0.6}1=0$；比较 $\log_{0.8}3$ 与 $\log_{0.8}1$，易得 $\log_{0.8}3<\log_{0.8}1=0$，所以 $\log_{0.6}\dfrac{1}{4}>\log_{0.8}3$.

例 11　判断下列对数值的符号：

(1) $\log_3 1.5$；　　　　　　(2) $\log_{\frac{1}{3}}1.15$.

解：(1) 函数 $y=\log_3 x$ 在 $(0,+\infty)$ 内是增函数，又 $1.5>1$，故 $\log_3 1.5>0$，符号为正；

(2) 函数 $y=\log_{\frac{1}{3}}x$ 在 $(0,+\infty)$ 内是减函数，又 $1.15>1$，故 $\log_{\frac{1}{3}}1.15<0$，符号为负.

随堂练习 ▶

1. 画出函数 $y=\log_4 x$ 及 $y=\log_{\frac{1}{4}}x$ 的图像，并说出它们图像特征的相同点和不同点.

2. 求下列函数的定义域：

(1) $y=\log_3(3-2x)$；　　　　(2) $y=\sqrt{\log_{\frac{1}{4}}x}$；

(3) $y=\dfrac{1}{\log_3 x}$；　　　　　　(4) $y=\log_6\dfrac{1}{1-2x}$.

3. 比较下列各题中两个值的大小：

(1) $\lg 5.1$ 与 $\lg 5.2$；　　　　(2) $\log_{0.7}6.3$ 与 $\log_{0.7}6.5$；

(3) $\log_{0.3}0.6$ 与 $\log_{0.3}0.7$；　　　(4) $\log_4 0.6$ 与 $\log_4 0.5$；

(5) $\log_{0.5}3$ 与 $\log_5 3$；　　　(6) $\log_{0.6}6$ 与 $\log_6 0.6$.

4. 判断下列对数值的符号：

(1) $\log_2 3$；　　　(2) $\ln 0.5$；　　　(3) $\log_{\frac{2}{3}}2$；　　　(4) $\log_{\frac{1}{3}}\frac{1}{2}$.

4.2.3　对数函数应用举例

对数函数在自然科学和经济生活中有着广泛的应用,下面通过几个实际问题来进行介绍.

例 12　现有一种放射性物质经过衰变,一年后残留量为原来的 84%,设每年的衰变速度不变,问该物质经过多少年后的残留量为原来的 50%(结果保留整数)?

解：设该物质最初的质量为 1,衰变 x 年后,该物质的残留量为原来的 50%.

由题可知,衰变一年后放射物质的残留量为 0.84;衰变两年后放射物质的残留量为 0.84^2,依次类推,衰变 x 年后,放射物质的残留量为 0.84^x.

根据题意得
$$0.84^x = \frac{1}{2},$$

于是
$$x = \log_{0.84}\frac{1}{2} = \frac{\lg\frac{1}{2}}{\lg 0.84} \approx 4(\text{年})$$

答：大约经过 4 年后,物质的残留量为原来的 50%.

例 13　某人有 10000 元的现金存入银行,以 3.6% 的年复利率计算利息,问需要多少年,本利之和可达到 15000 元?

(所谓按复利率计算,是指把前一年的利息加入本金一并作为下一年的本金计算利息.)

解：设 x 年后,本利之和可达到 15000 元.

由题可知,一年后的本利和为
$$10000 + 10000 \times 3.60\% = 10000(1 + 3.60\%),$$

两年后的本利和为
$$10000(1 + 3.60\%) + 10000(1 + 3.60\%) \times 3.60\% = 10000(1 + 3.60\%)^2,$$

依次类推, x 年后的本利和为
$$10000(1 + 3.60\%)^x.$$

根据题意得　　　$10000(1 + 3.60\%)^x = 15000$,

即　　　　　　　$1.036^x = 1.5$,

两边取常用对数得, $x\lg 1.036 = \lg 1.5$,

于是
$$x = \frac{\lg 1.5}{\lg 1.036} \approx 12(\text{年}).$$

答：大约需 12 年,本利和可达 15000 元.

例 14 碳-14 的半衰期①为 5730 年，古董市场有一幅达·芬奇（1452—1519）的绘画，测得碳-14 的含量为原来的 94.1％，根据这个信息，请你从时间上判断这幅画是不是赝品？

解：设这幅画的年龄为 x，画中原来碳-14 含量为 a，由题意得

$$0.941a = a \cdot \left(\frac{1}{2}\right)^{\frac{1}{5730}x},$$

消去 a 后，两边取常用对数，得

$$\lg 0.941 = \frac{x}{5730}\lg\frac{1}{2},$$

解得
$$x \approx 503.$$

因为 2009－503－1452＝54，这幅画约在达·芬奇 54 岁时完成，所以从时间上看不是赝品.

随堂练习 ▶

1. 某钢铁公司的年产量为 a 万吨，计划每年比上一年增产 10％，问经过多少年产量翻一番（保留 2 位有效数字）？

2. 某人有 20000 元的现金存入银行，以 3.6％的年复利率计算利息，问需多少年，本利之和可达到 40000 元？

3. 某化工厂生产一种化工产品，去年生产成本为 50 元/桶，现进行了技术革新，运用了新技术与新工艺，使生产成本平均每年降低 12％，问几年后每桶生产成本为 30 元？

习题 4.2

A 组

1. 将下列指数式化成对数式，对数式化成指数式：

(1) $4^x = 16$；   (2) $10^x = 1$；   (3) $\left(\frac{1}{2}\right)^x = 3$；   (4) $e^x = \frac{1}{3}$；

(5) $\log_2 x = \frac{1}{8}$；   (6) $x = \log_8 7$；   (7) $x = \lg 0.3$ (8) $\ln x = \sqrt{3}$.

2. 用 $\lg x$，$\lg y$，$\lg z$ 表示下列各式：

(1) $\lg(x^2 y^3 z)$；   (2) $\lg\left(\frac{x^2}{y^3}\right)^{\frac{1}{4}}$；   (3) $\lg\left(xy^{\frac{1}{2}}z^{-\frac{3}{4}}\right)$；   (4) $\lg\left(x^5 \cdot \sqrt{\frac{y}{z}}\right)$.

---

① 碳-14 的衰变规律是：$N = a \cdot \left(\frac{1}{2}\right)^{\frac{t}{T}}$.其中 N 是衰变后剩下的碳-14 的含量，a 为初始时刻的碳-14 的含量，t 为衰变时间，T 为半衰期.

3. 求下列各式的值:

(1) $2\log_5 25 + 3\log_2 64$;

(2) $2\log_2 10 + \log_2 0.04$;

(3) $\lg 8 + \lg 125$;

(4) $\log_3 27 - \log_3 3$;

(5) $\lg \dfrac{3}{700} + \lg \dfrac{700}{3} + \lg 1000$;

(6) $2^{1+\frac{1}{2}\log_2 5}$;

(7) $\log_6 \dfrac{1}{12} - 2\log_6 3 + \dfrac{1}{3}\log_6 27$;

(8) $\log_6[\log_4(\log_3 81)]$.

4. 求下列等式中的 x 的值:

(1) $\lg x = 3$;

(2) $\log_a x = 1 - \log_a b$;

(3) $\ln x = 0.02$;

(4) $\lg x = 3\lg n - \lg m$.

5. 已知 $\lg 2 = 0.3010$, $\lg 3 = 0.4771$, 求下列各对数的值:

(1) $\log_2 3$;

(2) $\log_3 \dfrac{1}{4}$;

(3) $\log_4 27$.

6. 求下列函数的定义域:

(1) $y = \log_2(1 - 2x)$;

(2) $y = \log_{\frac{1}{2}} x^2$;

(3) $y = \log_{0.2} \dfrac{1}{x+2}$;

(4) $y = \sqrt{\log_2(3x+2)}$.

7. 比较下列各题中两个值的大小:

(1) $\log_2 4.5$ 与 $\log_2 5$;

(2) $\log_{0.3} 6$ 与 $\log_{0.3} 9$;

(3) $\log_{0.4} 0.6$ 与 $\log_{0.4} 0.5$;

(4) $\log_5 0.6$ 与 $\log_{0.6} 0.5$.

8. 已知下列不等式,比较正数 m, n 的大小:

(1) $\lg m > \lg n$;

(2) $\log_{0.8} m < \log_{0.8} n$.

9. 在不考虑空气阻力的条件下,火箭的最大速度 v m/s 和燃料的质量 M kg、火箭(除燃料外)的质量 m kg 的函数关系是 $v = 2000\ln\left(1 + \dfrac{M}{m}\right)$. 当燃料质量是火箭质量的多少倍时,火箭的最大速度可达 12 km/s?

B 组

1. 已知 $\ln 2 = a$, $\ln 3 = b$, 用 a 与 b 表示下列各式:

(1) $\ln 12$;

(2) $\ln 36$;

(3) $\ln(2^9 \times 3^{11})$.

2. 已知 $\log_a 2 = m$, $\log_a 3 = n$, 求 a^{2m+n} 的值.

3. 若 $x\log_3 4 = 1$, 求 $4^x + 4^{-x}$ 的值.

4. 求函数 $f(x) = \dfrac{\sqrt{x^2 - 4}}{\lg(x^2 + 2x - 3)}$ 的定义域.

5. 声强级 L_I(单位:dB)由公式 $L_I = 10 \cdot \lg\left(\dfrac{I}{10^{-12}}\right)$ 给出,其中 I 为声强(单位:W/m²).

(1) 一般正常人听觉能忍受的最高声强为 1 W/m²,能听到的最低声强为 10^{-12} W/m²,

求人听觉的声强级范围；

（2）平时常人交谈时的声强约为 10^{-6} W/m²，求其声强级.

➤ 扫描本章二维码，阅读"历史上数学计算方面的三大发明".

4.3 幂函数

思考下列几个问题，写出各问题中两个变量之间的函数解析式：

1. 如果张红购买了每千克 1 元的水果 w 千克，那么她需要付的钱数 p（元）与购买的水果量 w（千克）之间有何关系？

2. 如果正方形的边长为 a，那么正方形的面积 S 与边长 a 有什么关系？

3. 如果立方体的边长为 a，那么立方体的体积 V 与边长 a 有什么关系？

4. 如果某人 t s 内骑车行进了 1 km，那么他骑车的平均速度 v 与时间 t 有什么关系？

5. 如果一个正方形场地的面积为 S，那么这个正方形的边长 a 与其面积 S 有什么关系？

> **思考：**以上是我们生活中经常遇到的几个数学模型，你能发现以上几个函数解析式有什么共同点吗？

上述问题中的几个函数解析式都是指数式，且底数都是变量，指数为常数，称这样的函数为幂函数.

一般地，形如 $y = x^\alpha$ 的函数叫作幂函数，其中 x 为自变量，α 为常数. 幂函数的定义域是使得 x^α 有意义的一切实数.

对于幂函数 $y = x^\alpha$，我们只讨论 $\alpha = -1, \frac{1}{2}, 1, 2, 3$ 时的情形，下面来研究它们的图像和性质.

在同一坐标系内，作出下列函数的图像：

$$y = x, y = x^2, y = x^3, y = x^{\frac{1}{2}}, y = x^{-1}.$$

（1）列表

x	…	-2	-1	0	1	2	…
$y = x$	…	-2	-1	0	1	2	…
$y = x^2$	…	4	1	0	1	4	…
$y = x^3$	…	-8	-1	0	1	8	…
$y = x^{\frac{1}{2}}$	…	—	—	0	1	1.414	…
$y = x^{-1}$	…	-0.5	-1	—	1	0.5	…

（2）描点、作图

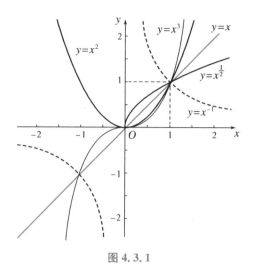

图 4.3.1

观察上图，请同学们完成下表：

	$y=x$	$y=x^2$	$y=x^3$	$y=x^{\frac{1}{2}}$	$y=x^{-1}$
定义域					
值域					
奇偶性					
单调性					
图像分布					

通过图 4.3.1 与上表，可以得到：

（1）函数 $y=x$，$y=x^2$，$y=x^3$，$y=x^{\frac{1}{2}}$，$y=x^{-1}$ 的图像都经过点 $(1,1)$；

（2）函数 $y=x$，$y=x^3$，$y=x^{-1}$ 是奇函数，函数 $y=x^2$ 是偶函数；

（3）在区间 $(0,+\infty)$ 上，函数 $y=x$，$y=x^2$，$y=x^3$，$y=x^{\frac{1}{2}}$ 都是增函数，函数 $y=x^{-1}$ 是减函数；

（4）在第一象限内，函数 $y=x^{-1}$ 的图像向上与 y 轴无限接近，向右与 x 轴无限接近.

例 1　已知某幂函数的图像经过点 $(2,\sqrt{2})$，求这个函数的解析式.

解：设此幂函数的解析式为：$y=x^\alpha$.

由题可知，$x=2$ 时，$y=\sqrt{2}$，代入上式，得 $\sqrt{2}=2^\alpha$，

解得 $$\alpha=\frac{1}{2}.$$

因此，该幂函数的解析式为 $$y=x^{\frac{1}{2}}.$$

例 2　求下列幂函数的定义域：

（1）$y=x^{\frac{1}{3}}$；　　（2）$y=x^{-2}$；　　（3）$y=x^{-\frac{1}{2}}$.

解：（1）$y=x^{\frac{1}{3}}=\sqrt[3]{x}$ 的定义域是 **R**；

(2) $y=x^{-2}=\dfrac{1}{x^2}$ 的定义域是 $\{x\,|\,x\neq 0\}$;

(3) $y=x^{-\frac{1}{2}}=\dfrac{1}{\sqrt{x}}$ 的定义域是 $(0,+\infty)$.

例 3　证明幂函数 $y=x^{\frac{1}{2}}$ 在 $[0,+\infty)$ 上是增函数.

证明：任取 $x_1,x_2\in[0,+\infty)$,且 $x_1<x_2$,则

$$f(x_1)-f(x_2)=x_1^{\frac{1}{2}}-x_2^{\frac{1}{2}}=\frac{(\sqrt{x_1}-\sqrt{x_2})(\sqrt{x_1}+\sqrt{x_2})}{(\sqrt{x_1}+\sqrt{x_2})}=\frac{x_1-x_2}{\sqrt{x_1}+\sqrt{x_2}},$$

因为　　　　　　　　　　　$x_1-x_2<0,\ \sqrt{x_1}+\sqrt{x_2}>0,$

所以　　　　　　　　　　　$f(x_1)-f(x_2)<0,$

即　　　　　　　　　　　　$f(x_1)<f(x_2).$

因此,幂函数 $f(x)=x^{\frac{1}{2}}$ 在 $[0,+\infty)$ 上是增函数.

随堂练习 ▶

1. 判断下列函数哪些是幂函数.

(1) $y=0.2^x$;　　　(2) $y=x-3$;　　　(3) $y=x^{-2}$;　　　(4) $y=x^{\frac{1}{5}}$.

2. 求下列函数的定义域:

(1) $y=x^{-4}$;　　　(2) $y=x^{\frac{1}{5}}$;　　　(3) $y=x^{-\frac{2}{3}}$;　　　(4) $y=x^{\frac{3}{2}}$.

3. 在同一坐标系下作出下列函数的图像,并加以比较.

(1) $y=x^3$;　　　(2) $y=x^{-3}$;　　　(3) $y=x^4$;　　　(4) $y=x^{-4}$.

习题 **4.3**

1. 选择题

(1) 下列函数中,是幂函数的是(　　　).

　　A. $y=2x$　　　B. $y=2x^3$　　　C. $y=\dfrac{1}{x}$　　　D. $y=2^x$

(2) 下列函数中,在 $(-\infty,0)$ 是增函数的是(　　　).

　　A. $y=x^3$　　　B. $y=x^2$　　　C. $y=\dfrac{1}{x}$　　　D. $y=x^{\frac{3}{2}}$

(3) 函数 $y=x^3$ 和 $y=x^{\frac{1}{3}}$ 的图像满足(　　　).

　　A. 关于原点对称　　　　　　　　B. 关于 x 轴对称

　　C. 关于 y 轴对称　　　　　　　D. 关于直线 $y=x$ 对称

2. 求下列函数的定义域:

(1) $y=x^{\frac{1}{6}}$;　　(2) $y=x^{\frac{2}{3}}$;　　(3) $y=(1+2x)^{\frac{1}{3}}$;　　(4) $y=(1-x)^{-\frac{1}{2}}$.

3. 比较下列各题中两个值的大小:

(1) $1.2^{\frac{3}{2}}$ 与 $1.5^{\frac{3}{2}}$；　　(2) $0.27^{0.5}$ 与 $0.21^{0.5}$；　　(3) $1.1^{-\frac{1}{3}}$ 与 $0.9^{-\frac{1}{3}}$.

4. 设函数 $f(x)=(m^2+m)x^{m^2-1}$，m 为何值时，$f(x)$ 是:(1) 正比例函数；(2) 反比例函数；(3) 二次函数；(4) 幂函数.

5. 在固定压力差(压力差为常数)下,当气体通过圆形管道时,其流量速率 v(单位:cm^3/s)与管道半径 r(单位:cm)的四次方成正比.

(1) 写出气流流量速率 v 关于管道半径 r 的函数解析式；

(2) 若气体在半径为 $3\ cm$ 的管道中,流量速率为 $400\ cm^3/s$,求该气体通过半径为 r 的管道时,其流量速率 v 的表达式；

(3) 已知(2)中的气体通过的管道半径为 $5\ cm$,计算该气体的流量速率(精确到 $1\ cm^3/s$).

本章小结

一、本章知识结构

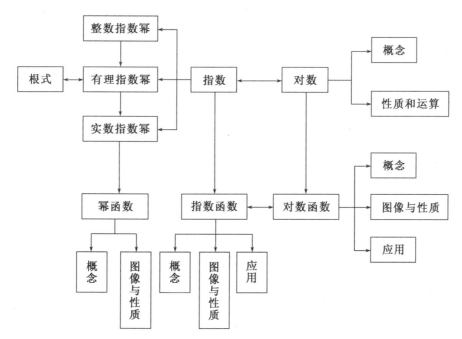

二、回顾与思考

本章介绍了分数指数幂、对数的概念及其运算;指数函数、对数函数和幂函数的概念、图像及其性质.同时介绍了如何利用指数函数和对数函数解决实际生活中的一些问题,提高学生应用数学知识的意识,增强学习数学的兴趣.

1. 实数指数幂

（1）根式

若 $x^n=a(n>1,n\in\mathbf{N}_+)$，则 x 叫作 a 的 n 次方根.

当 n 是奇数时，a 的 n 次方根记作 $\sqrt[n]{a}$；

当 n 是偶数时，负数没有偶数次方根；正数有两个偶数次方根，合并记作 $\pm\sqrt[n]{a}$.

由定义知：$(\sqrt[n]{a})^n=a$.

当 n 奇数时，$\sqrt[n]{a^n}=a$；当 n 偶数时，$\sqrt[n]{a^n}=|a|=\begin{cases}a(a\geqslant0)\\-a(a<0)\end{cases}$.

（2）分数指数幂

$a^0=1(a\neq0)$；$a^{-n}=\dfrac{1}{a^n}$

规定：$a^{\frac{m}{n}}=\sqrt[n]{a^m}$，$a^{-\frac{m}{n}}=\dfrac{1}{\sqrt[n]{a^m}}$ $(a>0,n,m\in\mathbf{N}_+,n>1)$.

（3）实数指数幂运算法则

① $a^\alpha\cdot a^\beta=a^{\alpha+\beta}$；② $(a^\alpha)^\beta=a^{\alpha\cdot\beta}$；③ $(ab)^\alpha=a^\alpha\cdot b^\alpha$.

思考：整数指数幂是如何一步步扩充到实数指数幂的？

2. 指数函数

形如 $y=a^x(a>0,a\neq1)$ 的函数叫作指数函数，定义域是 $(-\infty,+\infty)$，其图像与性质见下表：

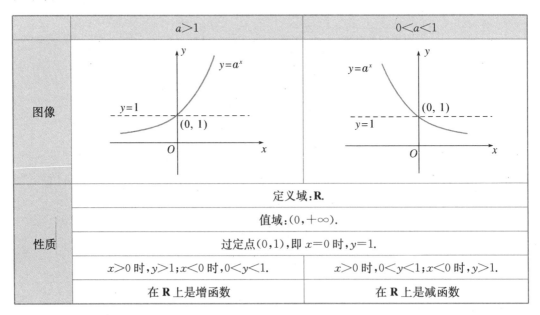

	$a>1$	$0<a<1$
图像		
性质	定义域：$\mathbf{R}$.	
	值域：$(0,+\infty)$.	
	过定点 $(0,1)$，即 $x=0$ 时，$y=1$.	
	$x>0$ 时，$y>1$；$x<0$ 时，$0<y<1$.	$x>0$ 时，$0<y<1$；$x<0$ 时，$y>1$.
	在 $\mathbf{R}$ 上是增函数	在 $\mathbf{R}$ 上是减函数

3. 对数概念

（1）对数的概念：

若 $a^b=N(a>0,a\neq1)$，那么 b 叫作以 a 为底的 N 的对数，记作

$$\log_a N = b,$$

其中 a 叫作对数的底数，N 叫作真数.

（2）对数的性质：

$\log_a 1 = 0$，$\log_a a = 1$，负数和零没有对数，$a^{\log_a N} = N$.

其中 $a > 0$，$a \neq 1$，$N > 0$.

（3）对数运算法则：

① $\log_a M + \log_a N = \log_a MN$；

② $\log_a M - \log_a N = \log_a \dfrac{M}{N}$；

③ $\log_a M^n = n \log_a M$.

其中 $a > 0$，$a \neq 1$，$M > 0$，$N > 0$.

（4）换底公式：

$$\log_b N = \frac{\log_a N}{\log_a b} \ (b > 0, b \neq 1, a > 0, a \neq 1, N > 0).$$

4. 对数函数

形如 $y = \log_a x\ (a > 0, a \neq 1)$ 的函数称为对数函数，定义域是 $(0, +\infty)$.

其图像与性质见下表：

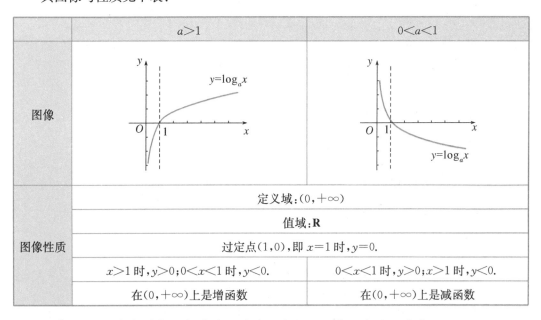

	$a > 1$	$0 < a < 1$
图像		
图像性质	定义域：$(0, +\infty)$	
	值域：$\mathbf{R}$	
	过定点 $(1, 0)$，即 $x = 1$ 时，$y = 0$.	
	$x > 1$ 时，$y > 0$；$0 < x < 1$ 时，$y < 0$.	$0 < x < 1$ 时，$y > 0$；$x > 1$ 时，$y < 0$.
	在 $(0, +\infty)$ 上是增函数	在 $(0, +\infty)$ 上是减函数

思考：指数函数与对数函数有什么关系？它们的图像又有什么关系？

5. 幂函数

幂函数是实际问题中常见的一类基本初等函数，本章从具体问题中归纳了以 -1，$\dfrac{1}{2}$，1，2，3 这五个数作为指数的幂函数 $y = x^{-1}$，$y = x^{\frac{1}{2}}$，$y = x$，$y = x^2$，$y = x^3$，并通过它们的图像归纳出这五个幂函数的基本性质.

复习参考题

A 组

一、选择题

1. $\sqrt{(\pi-4)^2}$ 等于( ).

    A. $\pi-4$ B. $4-\pi$ C. $\pm(\pi-4)$ D. $\pm(4-\pi)$

2. $a^{-\frac{3}{2}}(a>0)$ 用根式表示为( ).

    A. $\sqrt[3]{a^2}$ B. $\sqrt{a^3}$ C. $\dfrac{1}{\sqrt[3]{a^2}}$ D. $\dfrac{1}{\sqrt{a^3}}$

3. $(-a^2)^3$ 的运算结果是( ).

    A. a^5 B. $-a^5$ C. a^6 D. $-a^6$

4. 下列各题正确的是( ).

    A. $5^{0.8}<5^{0.7}$ B. $7^{-0.8}>7^{-0.7}$

    C. $0.3^{-1.2}<0.3^{-1.1}$ D. $0.6^{-2}<0.6^{-3}$

5. 将 $2^3=8$ 改写成对数形式是( ).

    A. $\log_3 2=8$ B. $\log_2 3=8$ C. $\log_2 8=3$ D. $\log_3 8=2$

6. 将 $\log_3 9=2$ 改写成指数形式是( ).

    A. $3^9=2$ B. $9^2=3$ C. $3^2=9$ D. $2^9=3$

7. 下面式子正确的是( ).

    A. $\log_a(x+y)=\log_a x+\log_a y$ B. $\log_a\dfrac{x}{y}=\log_a x-\log_a y$

    C. $\dfrac{\log_a x}{\log_a y}=\log_a x-\log_a y$ D. $\log_a(x-y)=\dfrac{\log_a x}{\log_a y}$

8. 设 $\lg 2=a$，则 $\log_2 25=$( ).

    A. $\dfrac{1-a}{a}$ B. $\dfrac{a}{1-a}$ C. $\dfrac{2(1-a)}{a}$ D. $\dfrac{2a}{1-a}$

9. 若 $a\in(0,1)$，则下列各题正确的是( ).

    A. $a^{0.8}>a^{0.7}$ B. $a^{-0.8}>a^{-0.7}$

    C. $\log_a 0.8>\log_a 0.7$ D. $\log_{\frac{1}{a}} 0.8<\log_{\frac{1}{a}} 0.7$

10. 函数 $y=\sqrt{\log_{\frac{1}{2}}(x-1)}$ 的定义域是( ).

    A. $(1,+\infty)$ B. $(2,+\infty)$ C. $(-\infty,2)$ D. $(1,2]$

11. 若 $a=\log_{0.6} 0.8,b=\log_{3.4} 0.7,c=\left(\dfrac{1}{3}\right)^{-\frac{1}{2}}$，则三个数的大小关系为( ).

    A. $a<b<c$ B. $b<a<c$ C. $c<a<b$ D. $c<b<a$

二、填空题

1. 化简求值：$\sqrt[3]{2} \cdot \sqrt[4]{2} \cdot \sqrt[4]{8} =$ _____ ；$x \cdot \sqrt{x} \cdot \sqrt[4]{x} \cdot \sqrt[8]{x^2} =$ _____ .

2. 函数 $y = \log_a(x-1)$ 的图像总是经过点 _____ .

3. 如果 $5^x = 3$，$y = \log_5 \dfrac{5}{3}$，那么 $x + y =$ _____ ；如果 $m = \lg 5 - \lg 2$，那么 $10^m =$ _____ .

4. 若 $1.7^m > 1.7^n$，则 m _____ n；若 $0.7^m > 0.7^n$，则 m _____ n；$\log_2 0.7$ _____ $\log_{0.3} 0.5$.（填"$>$"或"$<$"号）

5. 方程 $\log_2(x-1) = \log_2(5-x) + \log_2(5+x)$ 的解是 _____ .

6. 函数 $y = (a-1)^x$ 在 $(-\infty, +\infty)$ 上是减函数，则 a 适合的条件是 _____ .

三、解答题

1. 化简下列各式：

(1) $(3a^2 b)(-2a^{-3}b^{-1})(-5a^4 b^{-2})^3$；　　(2) $\dfrac{a^2 \cdot \sqrt[3]{a^2 b}}{\sqrt{ab}}$.

2. 计算下列各式的值：

(1) $\left(\dfrac{64}{100}\right)^{-\frac{2}{3}} + \left(-\dfrac{52}{37}\right)^0 - 121^{\frac{1}{2}}$；　　(2) $(2^3 \times 6^{-2}) + (-50)^0 + (9^{-2} \times 3^3)^2$；

(3) $\log_{\frac{1}{2}} 8 + \log_2 64 - \log_5 \dfrac{1}{125}$；　　(4) $\log_4 5 \cdot \log_5 8$；

(5) $(\lg 2)^2 + 2\lg 2\lg 5 + (\lg 5)^2$.

3. 解下列不等式：

(1) $2^{3x+1} > \dfrac{1}{4}$；　　(2) $\log_{\frac{1}{\sqrt{2}}} \dfrac{1}{x+3} < 0$.

4. 当 x 取什么值时，不等式 $\log_a 2x > \log_a(x+5)$ 成立.

5. 求下列函数的定义域：

(1) $f(x) = \sqrt{1-3^x}$；　　(2) $f(x) = 3^{\sqrt{2x-1}}$；

(3) $f(x) = \dfrac{1}{\log_a(2x+5)}$；　　(4) $f(x) = \log_{\frac{1}{2}}(x^2 - 5x + 6)$.

6. 已知 $y_1 = \log_2 x^2$，$y_2 = \log_2(3x+4)$，问 x 取怎样的值时，

(1) $y_1 = y_2$；　　(2) $y_1 > y_2$；　　(3) $y_1 < y_2$.

7. 国务院发展研究中心 2000 年发表的《未来 20 年我国发展前景分析报告》指出，未来 20 年我国 GDP（国内生产总值）年平均增长率可望达到 7.8%.

(1) 问到 2020 年，我国的 GDP 可望为 2000 年的多少倍？

(2) 若 2000 年，我国的 GDP 为 89442 亿元，经过多少年以后，我国的 GDP 才能达到比 2000 年翻两番的目标？

8. 某城市现有人口总数为 100 万人，如果年自然增长率为 1.2%，试解答下面的问题：

(1) 写出该城市人口数 y(万人)与年份 x(年)的函数关系式；

(2) 计算 10 年以后该城市人口总数(精确到 0.1 万人)；

(3) 计算大约多少年以后该城市人口将达到 120 万人(精确到 1 年).

9. 按复利计算利息的一种储蓄,本金为 a 元,每期(年)利率为 r,设本息和为 y,存期为 x,写出本息和 y 随存期(年)x 变化的函数关系式.

(1) 如果本金 50000 元存入银行,每期(年)利率为 2.25%,试计算 5 期(年)后本息和是多少?

(2) 将本金 50000 元存入银行,每期(年)利率为 2.25%,多少年后连本带息能达到 10 万元.

B 组

1. 计算下列各式的值:

(1) $\left(2\frac{1}{4}\right)^{\frac{1}{2}}+(-4.3)^0-\left(3\frac{3}{8}\right)^{-\frac{2}{3}}+0.1^{-2}$；

(2) $\log_{\frac{1}{2}}8+\log_2 64-\log_5 125$.

2. 求下列函数的定义域:

(1) $y=2^{\sqrt{-x^2}}$；

(2) $y=\sqrt{\log_2(x^2-4x-5)}$；

(3) $y=\dfrac{1}{2^{x-5}-1}$；

(4) $y=\dfrac{1}{\log_3(3x-2)}$.

3. 解不等式:

(1) $0.3^{x^2+x+1}>0.3^{x^2+2x}$；

(2) $\log_{\frac{1}{2}}(x^2-4x+3)<\log_{\frac{1}{2}}(x^2+1)$；

(3) $27<3^x<729$；

(4) $\log_2 3x^2<\log_2(2x+1)$.

4. 解下列方程:

(1) $\log_2(x^2+6x-3)=2$；

(2) $2^{|x|+1}=16$.

5. 已知函数 $y=f(x)$ 的图像与函数 $y=\left(\dfrac{1}{4}\right)^x$ 的图像关于直线 $y=x$ 对称,求 $f(2)$ 的值.

6. 一片森林面积为 a,计划每年砍伐一批木材,每年砍伐的百分比相等,则砍伐到面积一半时,所用时间是 T 年,为保护生态环境,森林面积至少要保留原面积的 $\dfrac{1}{4}$,已知到今年为止,森林剩余面积为原来的 $\dfrac{\sqrt{2}}{2}$.

(1) 到今年为止,该森林已砍伐了多少年?

(2) 今后最多还能砍伐多少年?

➤ 扫描本章二维码,阅读"数学建模与函数模型".

附录 预备知识

（一）数与式

1. 绝对值

数轴上表示一个数的点到原点的距离,叫作这个数的绝对值.$|a|$表示数a到原点的距离,因此$|a|$是一个非负数.

正数的绝对值是它本身,负数的绝对值是它的相反数,0 的绝对值是 0. 即：

$$|a| = \begin{cases} a(a>0) \\ 0(a=0) \\ -a(a<0) \end{cases}.$$

2. 算术平方根、平方根

(1) 算术平方根：如果一个正数x的平方等于a,即$x^2=a$,那么这个正数x叫作a的算术平方根,a的算术平方根记作$\sqrt{a}$.零的算术平方根是零,即$\sqrt{0}=0$.算术平方根都是非负数,即$\sqrt{a} \geqslant 0(a \geqslant 0)$.

(2) 平方根：如果一个数x的平方等于a,即$x^2=a$,那么这个数x叫作a的平方根(也叫二次方根).正数a有两个平方根：$\sqrt{a}$和$-\sqrt{a}$；0 的平方根是 0；负数没有平方根.

3. 乘法公式

平方差公式：$(a+b)(a-b)=a^2-b^2$.

完全平方公式：$(a+b)^2=a^2+2ab+b^2$,$(a-b)^2=a^2-2ab+b^2$.

立方和公式：$(a+b)(a^2-ab+b^2)=a^3+b^3$.

立方差公式：$(a-b)(a^2+ab+b^2)=a^3-b^3$.

4. 分式

分子和分母都是整式,且分母中含有字母的式子叫作分式,即形如$\dfrac{A}{B}$(A,B是整式,且B中含有字母,$B \neq 0$)的式子叫作分式.

(1) 分式的基本性质

分式的分子与分母同乘(或除以)一个非零的整式,分式的值不变.

即$\dfrac{A}{B}=\dfrac{A \times M}{B \times M}=\dfrac{A \div M}{B \div M}$(其中$M$是不等于 0 的整式).

（2）分式的约分与通分

根据分式的基本性质将分子、分母中的公因式约去，叫作分式的约分.约分后，分子与分母没有公因式的分式，称为最简分式.

根据分式的基本性质将异分母的分式化为同分母的分式，叫作分式的通分.

通分时，取"各个分母"的"所有因式"的最高次幂的积做公分母，将这样的公分母称为最简公分母.

（3）分式的运算

分式的运算类似于分数的运算.

分式的运算 \ 表示方法	文字语言	符号语言
同分母分式相加	分母不变，分子相加.	$\dfrac{a}{c} \pm \dfrac{b}{c} = \dfrac{a \pm b}{c}$
异分母分式相加	先通分，变为同分母的分式，再加减.	$\dfrac{a}{b} \pm \dfrac{c}{d} = \dfrac{ad \pm bc}{bd}$
分式的乘法	用分子的积作为积的分子，分母的积作为分母.	$\dfrac{a}{b} \cdot \dfrac{c}{d} = \dfrac{ac}{bd}$
分式的除法	把除式的分子和分母颠倒位置后，再与被除式相乘.	$\dfrac{a}{b} \div \dfrac{c}{d} = \dfrac{a}{b} \cdot \dfrac{d}{c} = \dfrac{ad}{bc}$
分式的乘方	把分子、分母分别乘方.	$\left(\dfrac{a}{b}\right)^n = \dfrac{a^n}{b^n}$

5. 二次根式

形如 $\sqrt{a}\,(a \geqslant 0)$ 的式子叫作二次根式.根号下含有字母且不能够开得尽方的式子称为无理式.例如 $\sqrt{a^2 + b^2}$ 为无理式.

（1）二次根式的运算

① 加减法：与多项式的加减法类似，应在最简的基础上去括号与合并同类项.

② 乘除法：$\sqrt{a} \cdot \sqrt{b} = \sqrt{ab}\,(a \geqslant 0, b \geqslant 0)$，$\dfrac{\sqrt{a}}{\sqrt{b}} = \sqrt{\dfrac{a}{b}}\,(a \geqslant 0, b > 0)$.

（2）分母、分子有理化

① 有理化因式：两个含有二次根式的代数式相乘，如果它们的积不含有二次根式，则称这两个代数式互为有理化因式.例如 $\sqrt{a}$ 与 $\sqrt{a}$，$\sqrt{a} - \sqrt{b}$ 与 $\sqrt{a} + \sqrt{b}$ 互为有理化因式.

② 分母有理化：分式的分母和分子同时乘以分母的有理化因式，化去分母中的根号的过程，叫作分母有理化.

③ 分子有理化：分式的分子和分母都乘以分子的有理化因式，化去分子中的根号的过程，叫作分子有理化.

（3）性质：$(\sqrt{a})^2 = a\,(a \geqslant 0)$，$\sqrt{a^2} = |a|$.

6. 因式分解

把一个多项式写成几个整式的乘积的形式叫作这个多项式的因式分解.

常用方法：

（1）提公因式法：$ma+mb=m(a+b)$.

（2）公式法：$a^2-b^2=(a+b)(a-b)$.

$a^2+2ab+b^2=(a+b)^2$；$a^2-2ab+b^2=(a-b)^2$.

（3）十字相乘法

① 二项式系数为 1：$x^2+(p+q)x+pq=(x+p)(x+q)$.

用十字交叉线表示

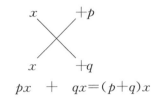

$$px \ + \ qx=(p+q)x$$

② 二项式系数不为 1：$ax^2+bx+c=(a_1x+c_1)(a_2x+c_2)$.

用十字交叉线表示

其中，$a_1a_2=a$，$c_1c_2=c$，$a_1c_2+a_2c_1=b$.

（二）方程、函数、不等式

1. 一元二次方程

只含有一个未知数，且未知数的最高次数是 2 的整式方程叫作一元二次方程. 其一般形式是 $ax^2+bx+c=0(a\neq0)$.

（1）根的判别式

一元二次方程 $ax^2+bx+c=0(a\neq0)$ 的根的判别式是 $\Delta=b^2-4ac$.

$\Delta>0 \Leftrightarrow ax^2+bx+c=0(a\neq0)$ 有两个相异的实数根；

$\Delta=0 \Leftrightarrow ax^2+bx+c=0(a\neq0)$ 有两个相等的实数根；

$\Delta<0 \Leftrightarrow ax^2+bx+c=0(a\neq0)$ 没有实数根.

（2）一元二次方程的解法

① 直接开平方法：$x^2=p(p\geqslant0)$ 的解为 $x=\pm\sqrt{p}$.

② 配方法：$ax^2+bx+c=0(a\neq0,b^2-4ac\geqslant0)$ 配成完全平方的形式，再利用直接开平方法求解.

③ 公式法：$ax^2+bx+c=0(a\neq0,b^2-4ac\geqslant0)$ 的解为

$$x_1=\frac{-b+\sqrt{b^2-4ac}}{2a} \text{或} x_2=\frac{-b-\sqrt{b^2-4ac}}{2a}.$$

④ 因式分解法：若 $a \cdot b = 0$，则 $a = 0$ 或 $b = 0$.

（3）根与系数的关系（韦达定理）

若一元二次方程 $ax^2 + bx + c = 0 (a \neq 0)$ 的两个实数根是 x_1, x_2，则

$$x_1 + x_2 = -\frac{b}{a}, \quad x_1 x_2 = \frac{c}{a}.$$

2. 二元一次方程（组）

（1）二元一次方程：含有两个未知数，且未知项的指数都是 1 的整式方程叫作二元一次方程. 一般形式为：$ax + by = c (a \neq 0, b \neq 0)$.

（2）二元一次方程组：含有两个相同未知数的二元一次方程合在一起，组成一个二元一次方程组.

（3）解二元一次方程组的基本思想：

基本思想是消元，即化二元一次方程组为一元一次方程，主要方法有代入消元法和加减消元法.

3. 分式方程

（1）分母中含有未知数的有理方程叫作分式方程. 由分式方程所化成的整式方程的根中，使分式方程分母为零的根叫作增根.

（2）解分式方程的思路与一般步骤：

解分式方程的思路是将分式方程化为整式方程.

一般步骤是：① 将各分式的分母分解因式；② 方程两边同乘以最简公分母，化为整式方程；③ 解整式方程；④ 验根.

4. 二次函数

形如 $y = ax^2 + bx + c (a, b, c$ 是常数，$a \neq 0)$ 的函数，叫作二次函数.

（1）三种形式的二次函数

① 一般式：$y = ax^2 + bx + c (a \neq 0)$.

② 交点式：$y = a(x - x_1)(x - x_2)(a \neq 0)$. 其中 x_1, x_2 分别为抛物线与 x 轴的两个交点的横坐标.

③ 顶点式：$y = a(x - h)^2 + k (a \neq 0)$. 其中 h, k 分别为抛物线的顶点横坐标和纵坐标.

（2）二次函数的图像及性质

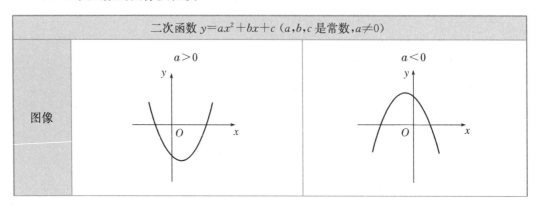

二次函数 $y = ax^2 + bx + c$（a, b, c 是常数，$a \neq 0$）		
图像	$a > 0$	$a < 0$

开口方向	开口向上	开口向下
对称轴	直线 $x=-\dfrac{b}{2a}$	直线 $x=-\dfrac{b}{2a}$
顶点坐标	$\left(-\dfrac{b}{2a}, \dfrac{4ac-b^2}{4a}\right)$	$\left(-\dfrac{b}{2a}, \dfrac{4ac-b^2}{4a}\right)$
最值	当 $x=-\dfrac{b}{2a}$ 时, y 有最小值 $\dfrac{4ac-b^2}{4a}$.	当 $x=-\dfrac{b}{2a}$ 时, y 有最大值 $\dfrac{4ac-b^2}{4a}$.

(3)二次函数与一元二次方程的关系

二次函数 $y=ax^2+bx+c(a\neq0)$ 在 $y=0$ 时就变成了方程 $ax^2+bx+c=0(a\neq0)$. 因此,抛物线与 x 轴交点的横坐标就是方程 $ax^2+bx+c=0(a\neq0)$ 的解.

令 $\triangle=b^2-4ac$.

当 $\triangle>0$ 时,抛物线与 x 轴有两个不同的交点;

当 $\triangle=0$ 时,抛物线与 x 轴仅有一个交点;

当 $\triangle<0$ 时,抛物线与 x 轴没有交点.

5. 一元一次不等式组的解法

(1)一元一次不等式组:关于同一个未知数的几个一元一次不等式合在一起,就组成一个一元一次不等式组.

(2)一元一次不等式组的解:一元一次不等式组中各个不等式的解的公共部分,叫这个一元一次不等式组的解.

(3)一元一次不等式组解的确定方法:若 $a<b$,则有

① $\begin{cases} x>a \\ x>b \end{cases}$ 的解是 $x>b$,即"同大取大".

② $\begin{cases} x<a \\ x<b \end{cases}$ 的解是 $x<a$,即"同小取小".

③ $\begin{cases} x>a \\ x<b \end{cases}$ 的解是 $a<x<b$,即"大小小大中间夹".

④ $\begin{cases} x<a \\ x>b \end{cases}$ 的解是无解,即"大大小小无解答".